Hafiza Nazish Hameed
Neelma Munir

Efeitos da radiação gama no prazo de validade e no valor nutricional das cebolas

Hafiza Nazish Hameed
Neelma Munir

Efeitos da radiação gama no prazo de validade e no valor nutricional das cebolas

Otimização da dose

ScienciaScripts

Imprint
Any brand names and product names mentioned in this book are subject to trademark, brand or patent protection and are trademarks or registered trademarks of their respective holders. The use of brand names, product names, common names, trade names, product descriptions etc. even without a particular marking in this work is in no way to be construed to mean that such names may be regarded as unrestricted in respect of trademark and brand protection legislation and could thus be used by anyone.

Cover image: www.ingimage.com

This book is a translation from the original published under ISBN 978-3-659-78596-2.

Publisher:
Sciencia Scripts
is a trademark of
Dodo Books Indian Ocean Ltd. and OmniScriptum S.R.L publishing group

120 High Road, East Finchley, London, N2 9ED, United Kingdom
Str. Armeneasca 28/1, office 1, Chisinau MD-2012, Republic of Moldova, Europe
Printed at: see last page
ISBN: 978-620-8-18733-0

Agradecimentos

Nenhum trabalho seria concluído sem sacrifício, motivação e encorajamento. Estou muito grato a **Alá Todo-Poderoso**, que me deu tanta força e me permitiu realizar com êxito este trabalho exigente e intensivo em energia. Gostaria de apresentar a minha sincera gratidão ao nosso **Santo Profeta Hazrat Muhammad (S.A.W)** que é sempre uma fonte de orientação para os seres humanos.

Expresso a minha profunda e cordial gratidão à **Dra. Sabiha Mansoor,** Vice-Chanceler da LCWU, por me ter proporcionado todas as facilidades para concluir esta tarefa. **Dr. Shagufta Naz,** por me ter proporcionado todas as facilidades necessárias para o trabalho desta tese.

Para concluir este trabalho, agradeço do fundo do coração à minha orientadora**, a Dra. Neelma Munir**, que me acompanhou desde o início e durante todo o percurso da investigação. Admiro a sua orientação requintada, soberba e profundamente incomparável. Obrigada pela vossa confiança em mim e pelo vosso apoio.

Os meus mais profundos e sinceros agradecimentos aos meus pais pelo seu amor, apoio e inúmeras orações pelo meu sucesso. E ao meu querido tio, obrigado por estar sempre presente. Por último, mas não menos importante, OBRIGADO ao meu irmão Awais, Bilal e irmãs e aos meus melhores amigos Zumar e Ayesha.

Dedicação

Gostaria de dedicar este trabalho à minha família, aos meus irmãos e aos meus professores. Especialmente aos meus pais, que são sempre uma fonte de encorajamento para mim e cujas orações me permitiram concluir este trabalho

ÍNDICE DE CONTEÚDOS:

Lista de abreviaturas

AOA	Antioxidant activity
AOAC	Official Methods of Analysis of the Association of Analytical Chemists
Co^{60}	Cobalt-60
Cs^{137}	Caesium-137
g	Gram
Gy	Gray
h	Hour
Kg/ha	Kilo gram per hector
kGy	Kilo Grays
kGy/h	Kilo Gray per hour
KPK	Khyber Pakhtunkhwa
Krad	Kilo radian
PARAS	Pakistan Atomic Radiation and Services
PI	Post-irradiation
r	Radian
US$	United States dollar
Wt.	weight
°C	Degree Celsius
γ	Gamma
%	Percentage

RESUMO

O Paquistão é o 6th maior país do mundo na produção de cebola. A cebola pertence à família *Alliacae* e é uma cultura importante do Paquistão. Tem atividade antibacteriana, antiviral, antiparasitária, antifúngica e anti-hipertensiva, anti-inflamatória e antioxidante. É também utilizada em laboratórios para impedir o crescimento de microrganismos específicos devido à sua atividade antibacteriana e antiviral. As perdas pós-colheita ocorrem devido ao manuseamento incorreto, ao apodrecimento dos rebentos e à desidratação. No estudo que se segue, a investigação foi orientada para o aumento do prazo de validade das cebolas através da utilização de radiações gama e também para a avaliação da composição nutricional das cebolas através de análises de proximidade antes e depois da radiação. A amostra de cebola utilizada durante a experiência foi recolhida no mercado de venda inteira. Estas amostras foram irradiadas no PARAS Lahore. As doses utilizadas para a radiação foram de 0,05KGy, O.lOKGy e 0,15KGy e as cebolas foram armazenadas à temperatura ambiente. Após o armazenamento, procedeu-se a uma análise de proximidade que incluiu diferentes parâmetros e factores. Estes parâmetros envolvem % de perda de peso, perda de teor de cinzas, perda de teor de humidade, perda de gordura, perda de fibra bruta, perda de proteína bruta e também açúcares ou hidratos de carbono. Medindo estes parâmetros, antes e depois da radiação gama, pode sugerir-se que a dose de O.lOkGy é óptima para aumentar a vida útil da cebola sem qualquer alteração significativa do valor nutricional.

CAPÍTULO 1

INTRODUÇÃO

Os géneros alimentícios agrícolas de origem vegetal, por exemplo, frutos, legumes e tubérculos, são altamente consumíveis. Após a colheita, as frutas e os legumes prosseguem os seus processos metabólicos, como a respiração e a transpiração, utilizando as reservas de alimentos e de água e, quando estas reservas terminam, os alimentos entram em processo de degradação irreversível. Na maioria das vezes, a degradação irreversível ocorre devido ao manuseamento incorreto. O manuseamento incorreto é o principal problema na gestão pós-colheita dos produtos alimentares agrícolas. O prazo de validade dos produtos agrícolas é menor devido a um manuseamento desfavorável, a uma temperatura desfavorável e também devido à contaminação (Eskin, 2001).

A cebola pertence à família *Alliacae.* É uma das principais culturas hortícolas, que está a desenvolver-se comercialmente no Paquistão e a ser utilizada em todo o país. As cebolas são plantas perenes que são cultivadas para fins alimentares em todo o mundo. Existem muitas variedades. A maior parte dos bolbos de cebola são brancos, amarelos ou vermelhos (Nath *et al.,* 2010). Os bolbos, como as cebolas, são rebentos subterrâneos em que o caule é reduzido a um final com entrenós muito curtos, e as bases das folhas de revestimento estão inchadas para formar um órgão de armazenamento. Na maturidade normal da colheita, as partes acima do solo das folhas murcham, enquanto as bases das folhas inchadas permanecem vivas. A cura ou secagem adequada do colo e das bases externas das folhas forma uma camada protetora de tecido seco. Durante o período de dormência, a atividade metabólica destes órgãos de armazenamento é baixa, e a sua qualidade de conservação é boa (Arkema, 1999).

As cebolas *(Allium cepa)* são muito apreciadas em todo o mundo pelo seu sabor e pelo seu valor nutricional, fornecendo constituintes menores, como minerais e oligoelementos. Os bolbos são cozidos e utilizados em sopas e guisados, fritos ou comidos crus. Também são conservados sob a forma de pickles. As folhas de cebola, especialmente da cebolinha, também são utilizadas em saladas e sopas (Arkema, 1999).

Em 2013, o valor nutricional da cebola foi referido num relatório. A cebola contém 89,1% de humidade, 0,4% de cinzas e 0,1% de gordura, 1,1% de proteínas, 2,2g/100 gramas de fibra e 12% de ácido ascórbico (Roe *et al.,* 2013).

As variedades mais importantes cultivadas comercialmente no Paquistão são a Pulkara e a Red Sindh. No Baluchistão, a variedade Sariab Red também é cultivada comercialmente (PHDEB, 2006).

Os bolbos são órgãos naturalmente dormentes adaptados para manter a planta viável durante um período desfavorável ao crescimento. As películas secas exteriores são muito importantes para manter a dormência, evitar a perda de água e excluir os agentes patogénicos. A dormência é encurtada por estímulos externos, como o stress mecânico durante a colheita e o manuseamento, a iluminação durante o armazenamento e a flutuação da temperatura e da humidade no armazenamento. Durante a dormência, o bolbo é protegido pelas escamas exteriores. Deste modo, as escamas exteriores perdem água e formam peles secas, enquanto as escamas interiores permanecem frescas e firmes. Quando a dormência diminui, as folhas dos rebentos alongam-se e tornam-se visíveis. O desenvolvimento dos rebentos consome energia de todas as escamas e faz com que os bolbos se tornem moles, resultando em perda de qualidade (Arkema, 1999).

A germinação é deprimida durante a dormência a temperaturas mais baixas e mais altas. A taxa de alongamento dos rebentos dentro do bolbo e a taxa de iniciação das folhas foram muito mais rápidas a 15 do que a 0 ou 30°C. Assim, o desenvolvimento dos rebentos nos bolbos de cebola, ao contrário da maioria dos processos fisiológicos, não aumenta progressivamente com o aumento da temperatura. Uma vez que o broto tenha ocorrido em bolbos enraizados, a taxa de crescimento do broto aumenta progressivamente com a temperatura. A taxa de deterioração pós-colheita (deterioração) dos produtos é geralmente proporcional à taxa de respiração. As cebolas em bolbo têm uma taxa de respiração baixa e esta aumenta com o aumento correspondente da temperatura. Durante o armazenamento, à medida que o tempo avança, a taxa de respiração aumenta. Se os bolbos estiverem feridos, a sua taxa de respiração aumenta e atinge um máximo após cerca de 12 horas (Arkema, 1999).

As perdas pós-colheita da cebola e de outras culturas hortícolas, devidas a manuseamento incorreto, transporte e más condições de armazenagem, são responsáveis pelos preços elevados durante a época baixa. Tanto a qualidade como a quantidade das cebolas são afectadas pelo apodrecimento, brotamento, desidratação, etc., durante o armazenamento (Jabeen *et al.,* 2003). O tamanho e a forma dos bolbos são atributos importantes tanto para a comercialização como para a manutenção da qualidade pós-colheita. O tamanho do bolbo afecta tanto a germinação como a perda de água durante o armazenamento. Estudos demonstraram que, durante a armazenagem a 11 °C, os bolbos grandes germinam mais rapidamente do que os pequenos, mas as cebolas pequenas perdem peso mais rapidamente.

O armazenamento provoca grandes perdas de cebolas através de brotamento, apodrecimento e encolhimento. O método local de armazenamento consiste em amontoar as cebolas no chão de cabanas de barro construídas localmente. Foram registadas perdas de até 75% num período de armazenamento de 7 meses. A redução das perdas pós-colheita aumentaria significativamente a disponibilidade total para consumo e, provavelmente, para exportação. Por conseguinte, é necessário melhorar as condições de conservação. A irradiação gama provou ser um instrumento útil para o prolongamento do prazo de validade das cebolas (Agbaji *etal.,* 1981).

O Allium é o maior e mais importante género representativo da família *Alliacae*, com 450 espécies. A cebola *(Allium cepa) é* uma planta bolbosa amplamente cultivada em quase todos os países do mundo, sendo a sua principal produção na China, na Índia e nos Estados Unidos. É rica em proteínas, hidratos de carbono, sódio, potássio e fósforo. Tradicionalmente, a cebola era utilizada para tratar infecções intestinais. Tem sido relatada como antibacteriana, antiviral, antiparasitária, antifúngica e tem atividade anti-hipertensiva, hipoglicémica, antitrombótica, anti-hiperlipidémica, anti-inflamatória e antioxidante.

Os bolbos de cebola contêm numerosos compostos orgânicos de enxofre, incluindo sulfóxido de Trans-S-(l-propenil) cisteína, sulfóxido de S-metil-cisteína, sulfóxidos de Spropil-cisteína e cicloalicina, flavinóides, ácidos fenólicos, esteróis, incluindo colesterol, esterol de estigma, esterol de b-sit, saponinas, açúcares e vestígios de compostos voláteis de óleo \principalmente de compostos de enxofre. A presença destes compostos revela a atividade antimicrobiana desta planta (Hannan *et al.*, 2010).

A cebola é uma das fontes mais ricas em flavonóides e compostos organosulfurados. Possuem um elevado teor de enxofre. Os compostos mais sulfurados são os derivados de cisteína e os S-aminoácidos. Estes compostos de enxofre e flavonóides possuem actividades biológicas antioxidantes, anticancerígenas, antimicrobianas, anti-inflamatórias e neuroprotectoras. O vasto espetro de actividades biológicas faz da cebola um potencial agente terapêutico Foi demonstrado que as cebolas possuem propriedades antibacterianas e antifúngicas. O óleo volátil de cebola demonstrou ser altamente eficaz contra bactérias gram positivas, fungos dermatofíticos, crescimento e produção de aflatoxinas de géneros de fungos Aspergillus, incluindo *Aspergillus niger, Brettanomyces anomalus, Candida albicans, C.lipolytica, Cladosporium werneckii, Fusarium oxysporium, Geotribum candidum* e *Saccharomyces cerevisiae.* Foi relatado que o extrato aquoso ou o sumo de cebola inibem o crescimento in vitro de *Escherichia coli, Serratia marcescens, Steptococcus species, Acetobacillus odontolyticus, Pseudomonas aeruginosa e Salmonella Typhosa* (Nath *etal.*, 2010).

A população do Paquistão sofre de várias doenças como diabetes, hipercolestrol, depressão, problemas de fígado e ossos devido a instalações de saúde insuficientes. Por isso, é necessária uma medicina alternativa nutritiva menos dispendiosa, por exemplo, a cebola, que tem vários efeitos terapêuticos. Possui uma variedade de compostos orgânicos de enxofre como flavonóides, compostos organosulfurados, polifenóis, quercetina, S-alquil-L-cisteína e péptido de gulutamilo. Estes compostos são responsáveis por uma atividade significativa contra a inflamação, o cancro, as doenças cardíacas, os problemas renais e as doenças infecciosas. Alguns destes compostos são sensíveis ao calor, pelo que, para obter todos os benefícios, devem ser utilizados em alimentos crus ou semi-cozinhados. Na maioria dos casos, o extrato aquoso desempenha um papel significativo no tratamento das doenças. O consumo de extrato aquoso na vida quotidiana tem um efeito benéfico na vida humana, especialmente para o homem comum do Paquistão, como uma medicina alternativa mais barata (Sohail *etal.*, 2011).

O Paquistão produz anualmente cerca de 12,0 milhões de toneladas de frutos e produtos hortícolas. Os citrinos lideram a produção, seguidos da manga, tâmaras e goiaba. A batata e a cebola são os principais produtos hortícolas e condimentos. O comércio de exportação de frutas e produtos hortícolas no Paquistão ascende a 134 milhões de USS (2003/04), dos quais as frutas representam 102,7 milhões de USS (76,6%), os produtos hortícolas 25,7 milhões de USS (19,2%) e as preparações de frutas e produtos hortícolas (sobretudo sumos) 5,6 milhões de USS (4,2%). O Paquistão é o 6^{111} maior país do mundo. Sindh é a principal província produtora de cebola no Paquistão, seguida de Balochistan Punjab e NWFP (PHDEB, 2006).

OBJECTIVOS E METAS

O presente estudo será realizado com estes objectivos principais:

- Aumento da vida útil
- Otimização da dose sem afetar o valor nutricional e farmacêutico
- Efeito da radiação y nas caraterísticas físicas (cor, textura) da cebola.
- Remoção de microrganismos patogénicos
- Aumento da qualidade das exportações.

CAPÍTULO 2

REVISÃO DA LITERATURA

Rumbaoa (2013) verificou que a secagem é regularmente essencial para a conservação da cebola por longos períodos para evitar a deterioração do armazenamento, brotação e enraizamento. No entanto, a secagem apresenta efeitos desfavoráveis na qualidade do produto. Uma tecnologia que tem o potencial como um pré-tratamento para acelerar a desidratação de cebolas é por y-irradiação. As amostras de controlo e irradiadas foram expostas aos mesmos procedimentos de secagem a 60°C. Foram calculados parâmetros de qualidade como a cor, a atividade da água, os sólidos solúveis totais e as caraterísticas microbiológicas dos produtos crus e secos. O pré-tratamento por irradiação a 1-1,5 kGy resultou num aumento das taxas de secagem nos bolbos de chalota gigante e também aumenta o prazo de validade das cebolas. A Rumbaoa também verificou que o aspeto em termos de cor era melhor nas amostras irradiadas. Não foi detectado qualquer efeito significativo nos parâmetros físico-químicos medidos, tais como hidratos de carbono, proteínas e vitaminas. Foram detectadas baixas contagens microbianas nas amostras irradiadas e ocorreu uma baixa perda de peso.

Em 2012, Ganguly e os seus colegas informaram que são utilizados dois tipos de radiações para manter os alimentos durante muito tempo. São utilizadas radiações ionizantes, como os raios catódicos e gama, e radiações não ionizantes, como os raios infravermelhos e UV. As radiações infravermelhas e UV têm fraca penetração e propriedades bactericidas. As radiações ionizantes funcionam perturbando as fases de progenitura dos micróbios patogénicos através da abolição dos ciclos ADN/ARN. Assim, aumenta o prazo de validade dos alimentos e reduz a contaminação microbiana. A transformação dos alimentos por processo de irradiação destrói a maior parte dos microrganismos patogénicos. Os consumidores devem também assegurar o armazenamento adequado dos materiais alimentares irradiados sob refrigeração, seguido de um manuseamento higiénico e de uma cozedura adequados para reduzir o risco de microrganismos potencialmente nocivos. Os alimentos irradiados mantêm a sua frescura e os seus valores nutritivos. Assim, a irradiação dos alimentos aumenta o prazo de validade dos alimentos e a sua melhor qualidade mantém-se durante muito tempo. As perdas nutricionais que ocorrem devido à irradiação também são negligenciáveis Ganguly *et al.* (2012).

Stefanova *et al.* (2010) referiram que as batatas e cebolas irradiadas a 0,15 kGy resultam numa inibição total dos rebentos. Uma dose baixa, até 1 kGy, é utilizada para retardar o amadurecimento ou a germinação de frutos e legumes frescos, bem como para controlar insectos e parasitas de géneros alimentícios. Esta dose foi recomendada em 1960 e 1965, respetivamente.

Bufler (2009) indica que o etileno tem pelo menos dois efeitos nos bolbos de cebola após a colheita: inibe a germinação e afecta a dormência. O etileno exógeno inibe a germinação e também atrasa a dormência ao inibir o crescimento do alongamento das folhas. A atividade da sacarose sintase nas folhas dos bolbos armazenados ao ar aumentou em simultâneo com o início do crescimento dos bolbos, o que indica um aumento da atividade de sumidouro nesta parte do bolbo.

Dionisio *et al.* (2009) relataram que a irradiação pode trazer certas modificações que podem alterar tanto a composição natural como o valor nutritivo dos alimentos. Estas alterações dependem da composição do alimento, da dose de irradiação e de caraterísticas como a temperatura e a presença ou ausência de oxigénio no ambiente de tratamento. A sensibilidade das vitaminas à radiação é aleatória e as perdas de vitaminas dos alimentos durante o tratamento são frequentemente significativas. Doses baixas inferiores a 1 kGy inibem a germinação de produtos como a cebola e a batata; atrasam o amadurecimento e a deterioração por fungos de frutos e produtos hortícolas, por exemplo, o tomate, e ajudam na desinfestação de insectos em cereais e produtos hortícolas.

Lawande (2007) mostrou que o efeito da irradiação de raios Y e do armazenamento a frio nas perdas de armazenamento do alho mostrou que o armazenamento a frio do alho minimiza a perda de peso fisiológico e a infeção devido a doenças. Estas perdas foram inferiores às do alho armazenado à temperatura ambiente, mesmo após 5 meses de armazenamento. O alho armazenado a frio sem irradiação mostrou uma rápida germinação durante o período de armazenamento a frio, mas esta germinação induzida por baixas temperaturas não foi observada no alho armazenado a frio com irradiação de raios Y após o período de armazenamento. Em geral, a irradiação com raios Y seguida de armazenagem a frio minimizou as perdas de armazenagem em 15% a 20% e aumentou a vida útil do alho.

Farkas (2006) demonstrou que a inibição da germinação de batatas e cebolas exigia uma dose de 0,03-0,12 KGy de radiações y. A aplicação potencial das radiações ionizantes no processamento de alimentos baseia-se principalmente no facto de as radiações ionizantes danificarem muito eficazmente o ADN, de modo que as células vivas ficam inactivadas, pelo que os microrganismos, os gâmetas dos insectos e os meristemas das plantas são impedidos de se reproduzirem, resultando em vários efeitos de conservação em função da dose de radiação absorvida.

Liu e Li (2006) mostraram que a intensidade da cor, as pontuações sensoriais e as contagens microbianas aumentaram, e a firmeza diminuiu durante o armazenamento A embalagem em atmosfera modificada é cada vez mais utilizada como uma técnica de conservação suave. Os efeitos positivos do armazenamento típico em atmosfera modificada no prazo de validade dos produtos hortícolas podem incluir a redução da respiração e do processo metabólico. Os tratamentos térmicos antes da armazenagem controlam eficazmente e também aumentam o prazo de validade da cebola para mais de 2 semanas a 5 °C.

Kim *et al.* (2005) trabalharam com cebolas verdes cortadas frescas e demonstraram que as cebolas verdes cortadas frescas foram tratadas com e sem água quente e embaladas antes da irradiação a 0, 0,5, 1,0 e 1,5 kGy, sendo depois armazenadas a 4 °C durante 14 dias. A cor, a textura, a percentagem de deterioração, a fuga de electrólitos, as qualidades sensoriais e a contagem total de aeróbios foram medidas ao fim de 1, 4, 8 e 14 dias de armazenamento. O tratamento com água quente reduziu o TAC, mas o efeito benéfico desapareceu durante a armazenagem; o tratamento com água quente não proporcionou benefícios adicionais para a melhoria da qualidade. A irradiação em todas as doses testadas reduziu a TAC e o desenvolvimento de podridão e odor desagradável, melhorou a qualidade visual e preservou a cor verde O tratamento sequencial de imersão em água quente e irradiação gama causou uma perda adicional de firmeza no final da armazenagem do que a irradiação isolada. A avaliação sensorial também registou pontuações significativamente mais elevadas de qualidade visual global e cor verde, e pontuações mais baixas de odor desagradável nas amostras irradiadas. Não se registaram diferenças significativas nos parâmetros de qualidade examinados entre as amostras tratadas com e sem água quente.

Em 2005, Pezzutti *et al.* (2005) realizaram um estudo sobre o estado microbiológico de flocos de cebola embalados locais e importados disponíveis nos mercados retalhistas da Argentina. A eficácia de doses selecionadas de irradiação gama para descontaminar flocos de cebola importados e os efeitos da irradiação em algumas propriedades tecnológicas também foram investigados. A dose de radiação de 5-15kGy foi suficiente para reduzir a contagem microbiana, mas não se observou qualquer alteração no teor de água. A radiação gama também não afectou significativamente o sabor e a intensidade da cor das cebolas.

Fan *et al.* (2003) trabalharam com cebolas verdes cortadas frescas e sugeriram que a irradiação com doses até 3 kGy não afectou consistentemente a firmeza, a qualidade visual geral, a cor ou a clorofila e o teor de carotenóides, tendo uma elevada taxa de deterioração e que as amostras irradiadas com 2 kGy tinham frequentemente resultados mais baixos em termos de aroma. A radiação de ionização a uma dose de 1 kGy pode ser utilizada para reduzir a população microbiana de cebolas verdes frescas cortadas sem qualquer efeito deteriorado nos atributos de qualidade do produto.

Martinez-Solano *et al.* (2004) verificaram que o prazo de validade pode ser aumentado de duas formas: a destruição dos micróbios que causam a deterioração dos alimentos e o retardamento do seu amadurecimento. Atualmente, o bloqueio do núcleo vegetativo para inibir a germinação de bolbos e tubérculos é a aplicação mais generalizada, obtendo-se uma redução muito significativa das perdas devidas à germinação durante o armazenamento de batata, cebola e alho. A eficácia do tratamento depende basicamente do estado sanitário e vegetativo e da variedade, embora em condições adequadas e com doses muito baixas, entre 0,05 e 0,15 kGy, a germinação seja inibida e o produto possa ser armazenado à temperatura ambiente.

Jabeen *et al.* (2003) utilizaram quatro doses de radiação de 2, 4, 6 e 8 kilo rad com normal para estudar o efeito da radiação na perda de peso, ataque de podridão, germinação, firmeza e sabor picante. Os resultados revelaram que as várias doses de radiação afectaram significativamente a perda de peso, o ataque de podridão, a germinação, a firmeza e o sabor picante. Os bolbos de cebola irradiados com 8 Kr apresentaram uma percentagem mínima de perda de peso (28,59%), diminuição da firmeza e do sabor picante. A percentagem mínima de ataque de podridão (6,3%) foi observada em 6 e 8 Kr. A perda de peso máxima (43,207"), o ataque de podridão (16,2%), a germinação (40,78%), a diminuição da firmeza e o sabor picante foram registados no controlo. As fases de colheita afectaram significativamente a perda de peso, o ataque de podridão, a germinação e a pungência gustativa. Os bolbos de cebola no estádio de folhas completamente secas registaram uma percentagem máxima de perda de peso (35,42%), percentagem de germinação (11,7%) e pungência gustativa, ao passo que se observou uma percentagem mínima de perda de peso (31,62%), percentagem de germinação (5,01%) e pungência gustativa nos bolbos de cebola no estádio de queda. A percentagem máxima de ataque de podridão (10,9%) foi observada em bolbos de cebola em fase de queda, enquanto a mínima (7,3%) foi observada em bolbos de cebola em fase de folha completamente seca. Recomenda-se uma dose de radiação de 8 Kr para reduzir as perdas pós-colheita dos bolbos de cebola. A fase de queda prolongou comparativamente a vida útil do bolbo.

Benkeblia e Varoquaux (2003) estudaram os efeitos de doses e temperaturas de irradiação y nos fruto-oligossacarídeos de bolbos de cebola e os resultados foram verificados após seis meses de armazenamento. Os bolbos foram ionizados com doses de 0,15 e 0,30 kGy, e mantidos a 4, 10 e 20 °C durante 24 semanas. Após seis meses, a glucose, a frutose e a sacarose dos bolbos de controlo e de ambos os bolbos tratados diminuíram ligeiramente, mas não significativamente, enquanto a temperatura e a irradiação influenciaram significativamente os fruto-oligossacáridos dos bolbos. Aparentemente, a irradiação não afecta o teor de açúcar dos bolbos de cebola durante a armazenagem. Este facto é relativo à fase de dormência e é influenciado pelas alterações de temperatura. Os açúcares podem ser um bom indicador da frescura do bolbo de cebola; uma diminuição pode significar uma perda de qualidade. Esta recomendação foi baseada na perda de firmeza a temperaturas superiores a 15°C.

Benkeblia *et al.* (2002) sugeriram que o tratamento ionizante dos bolbos de cebola foi conseguido utilizando uma fonte de^{60} Co na dose de 0,15 kGy a 20°C. As alterações nos açúcares solúveis mostraram um padrão semelhante nos bolbos de cebola tratados e de controlo. Foram investigados os efeitos da irradiação gama, da hidrazida maleica e do carbamato isopropil, N-fenil no teor de hidratos de carbono, na taxa de respiração, na germinação e no apodrecimento de bolbos de cebola vermelha armazenados a 4, 10 e 20°C. Entre 6 e 8 semanas, a concentração de açúcares solúveis aumentou e variou entre 6,0 e 6,5% do peso fresco, tanto a 10 como a 20°C. O conteúdo parece ser influenciado pela temperatura, com maior acumulação a 10 e 20°C do que a 4°C. A RR aumentou quando os bolbos brotaram, enquanto que foi reduzida pelos seguintes tratamentos: irradiação, MH e CIP, a respiração dos bolbos irradiados diminuiu durante a fase final de armazenamento devido à morte dos rebentos. O tratamento químico utilizado foi eficaz no controlo da germinação dos bolbos durante o armazenamento, embora não tão eficaz como a irradiação e a refrigeração.

Nouri e Toofanian (2001) verificaram que a gestão pós-colheita é um problema grave nas batatas e cebolas. Por esse motivo, as cebolas e as batatas foram irradiadas com a radiação y a uma dose de O.lOKGy e armazenadas durante 7 meses. Após 4 meses, o intervalo de apodrecimento era de 1 a 15% nas amostras irradiadas e de 5 a 64% nas amostras de controlo. Após 6 meses de armazenamento, as cebolas e as batatas não irradiadas foram deitadas fora devido à forte germinação e apodrecimento. Foram também estudadas as alterações na percentagem de açúcares redutores e não redutores e determinou-se que a diminuição dos açúcares (redutores e não redutores) ocorre nas amostras não irradiadas, enquanto o aumento do teor de açúcares ocorre nas amostras irradiadas até ao fim da armazenagem.

Benkeblia (2000) verificou que, na Argélia, os produtos alimentares como as cebolas, as batatas, os alhos, as tâmaras e as laranjas desempenham um papel importante nos mercados locais e nacionais. O método tradicional de armazenamento, como o tratamento a frio, não é eficaz no armazenamento a longo prazo devido às elevadas perdas. A radiação ionizante provou ser eficaz na redução significativa das perdas e o método é cada vez mais utilizado. A proibição do brometo de metilo (ou dibrometo de etilo) e de outros desinfectantes para utilização em tâmaras, e da hidrazida maleica, do carbamato de isopropilo N-fenilo e do ClP-chlore-(CIPC) para inibição de rebentos em batatas, cebolas e alhos recomendam um elevado potencial da radiação ionizante como tratamento alternativo para o armazenamento a longo prazo. A dose de radiação ionizante varia de espécie para espécie.

Khattak *et al.* (1999) descrevem a possibilidade de aumentar a vida útil das cebolas através da radiação gama, que apresenta um grave problema de armazenamento nos meses quentes de verão no Paquistão. Os bolbos foram tratados com uma dose de 0,10 kGy e mantidos, juntamente com o controlo não irradiado, em condições ambientais durante um período de 4 meses. A perda de peso variou. Verificou-se que as perdas por desidratação foram menores na variedade Desi do que na variedade Red. O apodrecimento variou entre 6,5 e 9,4 por cento nas cebolas irradiadas e entre 12,4 e 12,8 por cento nos bolbos não irradiados após 4 meses de armazenamento. Os testes de avaliação da qualidade revelaram que a qualidade interna e externa das amostras irradiadas era superior à dos controlos correspondentes. O custo da irradiação das cebolas foi calculado em 290,00 rupias por tonelada.

Kilcast (1994) verificou que algumas vitaminas são sensíveis à degradação por irradiação; doses de irradiação baixas, inferiores a 1 kGy, inibem a germinação de produtos como as batatas e as cebolas sem afetar significativamente as vitaminas. A literatura mostrou que as vitaminas C e Bi são as vitaminas hidrossolúveis mais sensíveis e as vitaminas A e E são as vitaminas lipossolúveis mais sensíveis. No entanto, as perdas de vitaminas devido à irradiação não terão qualquer importância. No que diz respeito à vitamina C, não foram registadas alterações no alho e nas cebolas que receberam doses de irradiação suficientes para inibir a germinação.

Benkeblia e Khali (1996) sugeriram que a radiação gama de bolbos com 0,10, 0,15 e 0,31 KGy causa perdas de 10%, 13% e 20% do conteúdo vitamínico, respetivamente. Durante o armazenamento, a vitamina C diminuiu ao longo de 12 semanas, tanto nos bolbos de controlo como nos bolbos irradiados e a ambas as temperaturas. Após 12 semanas e até ao final do período de armazenamento, o teor de vitamina C aumentou em cada parte, mas o teor final foi inferior ao inicial.

Em 1990, Khan relatou que foram realizadas experiências em grande escala para aumentar o prazo de validade das batatas, cebolas e frutos secos através da radiação gama. Foi decidido que a conservação de batatas e cebolas por radiação era muito mais barata do que por meios tradicionais, como o tratamento com ozono ou hidrazida maleica. A adequação dos consumidores e os testes de mercado realizados durante quatro anos também ajudaram a comercializar a tecnologia neste país. O Governo do Paquistão autorizou o tratamento de alguns produtos alimentares como batatas, cebolas, alho e especiarias para consumo humano. O Pakistan Radiation Services (PARAS), o irradiador comercial (200 Kei) em Lahore, já começou a funcionar em abril de 1987. Está previsto o início da desinfeção em grande escala de especiarias por radiação gama no PARAS (Khan, 1990).

Sharif (1990) trabalhou para aumentar a capacidade de armazenamento de cebolas e batatas através da inibição do brotamento. Foi recomendada uma dose de radiação (0, 0,08, 0,10) KGy para as batatas e 0,05 KGy para as cebolas. Este tratamento de irradiação é económico e viável para cebolas e batatas. Estes dois produtos podem ser preservados por este tratamento pós-colheita, especialmente se considerarmos a enorme quantidade de perdas devidas à germinação.

Thayer (1990) estudou as ajudas e as preocupações sobre o tratamento de alimentos com radiação ionizante são revistas. A radioatividade não pode ser estimulada nos alimentos através da utilização de raios gama de Cs ou Co, fontes de raios X de 5 MeV ou de energia inferior, ou electrões de 10 MeV ou de energia inferior. Os sinais apoiam a segurança e a eficácia da utilização de radiações ionizantes para a desinfestação de grãos, especiarias, legumes e frutos secos e frutos frescos. Alterações fitotóxicas e vitamínicas dependentes da espécie e da dose podem ocorrer em alguns frutos com doses superiores às atualmente aprovadas pela FDA dos EUA. A dose de 0,5 a 0,15 kGy foi aprovada pela FDA para a inibição de rebentos de bolbos e tubérculos.

Kader (1986) demonstrou que a energia ionizante é utilizada para aumentar a vida útil dos vegetais frescos. A energia ionizante utilizada no processamento de alimentos pode ser sob a forma de radiação gama, raios X e electrões acelerados. O manuseamento pós-colheita, a área de produção, a qualidade inicial e a maturidade na colheita são os factores que influenciam a resposta dos legumes e frutos frescos às radiações ionizantes. As doses de 0,05-0,15 kGy contribuem para a inibição da germinação de bolbos, tubérculos, raízes e cogumelos. Amstel (1981) mostrou na Nigéria que a radiação gama inibe a germinação. Os bolbos foram armazenados numa sala bem ventilada, à temperatura ambiente, em sacos de rede, em prateleiras de madeira, durante 7 meses. As cebolas foram examinadas semanalmente para detetar a germinação e o apodrecimento. As análises químicas foram efectuadas mensalmente para determinar a matéria seca, o sabor, o ácido ascórbico, o açúcar redutor e as proteínas. A dose de irradiação de 5-15 krad inibiu completamente a germinação durante todo o período de armazenamento. No entanto, os bolbos irradiados mostraram uma maior tendência para apodrecer. Em comparação com o controlo, a irradiação não teve qualquer efeito significativo na matéria seca, na componente aromática e no ácido ascórbico, mas o teor de proteínas foi significativamente inferior nos bolbos irradiados

Curzio e Croci (1988) provaram que as cebolas foram irradiadas com uma dose de 50,0Krad de raios *Y* e mantidas em armazenamento até dez meses após a colheita. O processo de radioinibição não afectou negativamente os níveis de matéria seca, hidratos de carbono e ácido ascórbico, bem como a acidez dos bolbos de cebola. Os bolbos irradiados eram melhores do que os não irradiados no que respeita às suas caraterísticas internas e externas, bem como à sua firmeza. No entanto, o odor das cebolas não foi afetado pelo processo de radiação.

Thomas e Diehl (1984) referiram que o prolongamento do período de armazenamento das cebolas pode ser conseguido através da exposição a produtos químicos, como a hidrazida maleica, que prolonga a dormência afectando o metabolismo dos ácidos nucleicos e a divisão celular, em vez do controlo hormonal. A inibição completa da germinação nas cebolas pode ser obtida após a exposição à radiação y com doses tão baixas como 3,7 a 7,4 krad. A inibição completa dos rebentos foi detectada se as cebolas fossem irradiadas no prazo de uma semana após a colheita. É necessário um aumento da dose para suprimir a germinação quando o tempo de irradiação é atrasado, sem efeito de irradiação, se irradiadas 96 dias após a colheita.

A percentagem colectiva de perdas fisiológicas de peso (i.e. perdas devidas à transpiração e respiração) ao longo dos 270 dias de armazenamento foi observada por Cruzio em 1983. Eles observaram que as amostras de controlo sofreram uma diminuição média de 43,3% do seu peso; as amostras irradiadas perderam apenas 22,8% no final do período de teste de 270 dias. Uma dose de 0,03 kGy foi eficaz para evitar a germinação de bolbos de cebola quando as cebolas foram armazenadas em condições de armazém rentáveis (Curzio e Croci, 1983). Agbaji *et al.* (1981) sugeriram que a dose de irradiação de 5-15 krad inibiu completamente a germinação durante todo o período de armazenamento. No entanto, os bolbos irradiados mostraram uma maior tendência para apodrecer. A irradiação não teve qualquer efeito significativo na matéria seca, na componente aromática e no ácido ascórbico, mas o teor de proteínas foi significativamente inferior nos bolbos irradiados. A irradiação gama da cebola resultou numa diminuição do teor de proteínas. Este facto pode dever-se à desaminação de proteínas e polipéptidos pelos raios gama. A diminuição gradual das proteínas durante a armazenagem, tanto nos bolbos de controlo como nos tratados, pode provavelmente dever-se a alterações metabólicas nas cebolas em que as proteínas foram consumidas.

Doses baixas, como até IkGy, não têm efeito significativo na amostra. Uma dose baixa de 0,15kGy é utilizada para tratar as cebolas com o objetivo de inibir os rebentos. Nenhum problema microbiológico de saúde pública foi associado ao tratamento com radiação gama. O tratamento por radiação não tem qualquer efeito sobre o teor de ácido ascórbico das cebolas, mesmo após 10 meses de armazenamento à temperatura ambiente. No entanto, foi observado um ligeiro aumento do açúcar redutor em relação às cebolas não tratadas (Joint, 1977).

Thomas *et al.* (1975) verificaram que a inibição de rebentos de cebolas por irradiação Y foi influenciada pelo estado fisiológico dos bolbos no momento da irradiação, pela dose de radiação e pela temperatura de armazenamento após a irradiação. 6-9Krad inibem a germinação se os bolbos forem irradiados no prazo de quinze dias após a colheita, quando se encontram no estado inativo. Foi observado um mínimo de brotação na amostra que foi irradiada dentro de quinze dias após a colheita, quando estavam em estado de dormência à temperatura ambiente (26°C a 32°C). Vinte e cinco Krad causaram um estímulo temporário de germinação, independentemente do momento da irradiação, enquanto 6 a 12 Krad apenas estimularam a germinação quando o intervalo de tempo entre a colheita e a irradiação excedeu três semanas.

Salem (1974) verificou que a radiação y (8000 rad) é utilizada na indústria de desidratação. A irradiação reduziu a germinação dos bolbos frescos, mas não afectou o apodrecimento dos bolbos, nem teve efeitos no teor de açúcar ou na cor dos bolbos frescos. A cebola irradiada apresentava um teor de ácido ascórbico, uma pungência e um teor de azoto aminado livre visivelmente inferiores aos dos bolbos não irradiados. Após 6 meses de armazenamento, foram observados 15,31% de germinação nos bolbos não irradiados, enquanto nos irradiados a percentagem de germinação foi de 5,63%.

Temkin-Gorodeiski *et al.* (1972) verificaram que doses muito baixas (0,7-1,0 krad) não impediram a germinação, mas causaram um ligeiro escurecimento. Doses entre 2 e 80 krad inibiram completamente a germinação externa; no entanto, se atrasadas até 3 meses após a colheita, essas doses não impediram a germinação, mas causaram escurecimento severo, que não dependeu da dose. Não houve correlação entre o atraso na irradiação após a colheita e a intensidade ou incidência do escurecimento. Não foi observada qualquer germinação interna em cebolas armazenadas a 0°C até ao final do período de armazenamento para bolbos que foram irradiados e colocados em armazenamento a frio pouco depois da colheita.

Lewis e Mathur (1963) trabalharam sobre o tempo de armazenamento de cebolas e batatas e demonstraram que as cebolas foram irradiadas com 6 krad de raios de Co^{60} à taxa de 3 krad/min e armazenadas com controlos a duas temperaturas, temperatura ambiente e armazenamento a frio. A dose utilizada foi suficiente para evitar a germinação das batatas e das cebolas a ambas as temperaturas. As cebolas cruas irradiadas eram ligeiramente mais doces e menos picantes no final de 8 meses de armazenamento em frio, mas sem efeitos adversos na cor e na textura.

As doses de radiação gama de 3200, 4700, 6300, 7900 e 9500 rad são benéficas para a armazenagem prolongada de cebolas, inibindo a germinação. Observou-se 75% de germinação em cebolas não irradiadas durante o tempo de armazenamento das cebolas, ou seja, 300 dias. A irradiação diminui a germinação das cebolas. No entanto, também se observou que os bolbos mais pequenos eram menos susceptíveis de apodrecer nas amostras irradiadas e não irradiadas. Doses elevadas de irradiação provocam a descoloração e a alteração do sabor (Nuttall *et al.*, 1961)

Hannan (1954) verificou que as radiações ionizantes são utilizadas para conservar os alimentos a longo prazo. As radiações ionizantes dividem-se em categorias de electrões de alta velocidade e, menos provavelmente, de raios X, fontes radioactivas que emitem raios β ou radiações electromagnéticas (radiações gama). A penetração limitada das cebolas é a principal desvantagem, pelo que as radiações gama são preferencialmente utilizadas para a conservação a longo prazo das cebolas.

CAPÍTULO 3

MATERIAIS E MÉTODOS

3.1 Local experimental:

As experiências foram realizadas no Pakistan Atomic Radiation and Services (PARAS) e na Lahore College for Women University (LCWU), Lahore. As amostras foram irradiadas no PARAS, enquanto o trabalho prático foi efectuado na LCWU, porque todas as instalações e aparelhos estavam disponíveis aqui.

3.2 Recolha de amostras:

A amostra foi recolhida num mercado de venda inteira.

3.3 Preparação da amostra:

Não foi necessário qualquer pré-tratamento para as cebolas. As amostras recolhidas foram colocadas em papel castanho e enviadas para o PARAS (Pakistan Radiation Service) para serem irradiadas.

3.4 Tratamento com radiação gama:

Foram selecionadas três doses diferentes da literatura disponível anterior. A fonte de radiação gama utilizada foi o Co^{60} . Após a irradiação, as amostras foram armazenadas à temperatura ambiente e sujeitas a análise nos dias 7, 15 e 21.

3.5 Componentes analíticos:

Basicamente, os componentes nutricionais foram medidos juntamente com as alterações fisiológicas. Foram medidos os componentes nutricionais como a humidade, as cinzas, as gorduras, as proteínas, a vitamina C e o teor de fibras e proteínas. As qualidades sensoriais, como a alteração da cor, o odor e a firmeza, também foram medidas antes e depois da irradiação. O teor de humidade foi determinado pelo forno de ar quente e o teste das cinzas foi efectuado utilizando o forno de mufla. A gordura foi determinada com o aparelho de refluxo Soxhlet. As proteínas foram determinadas pelo método de Kjeldahl. Os hidratos de carbono serão determinados por diferenças.

3.6 Perda de peso fisiológica (PLW):

A perda de peso fisiológica foi medida tanto na amostra de controlo como na amostra irradiada às 7, 15 e 21st de armazenamento. A percentagem de perda de peso fisiológica foi medida utilizando a fórmula

$$\text{PLW}(\%) = [P1 - P2 \div P1] \times 100$$

Onde

Pl = Peso inicial & P2 = Peso após n dias (Jamali *et al.*, 2012).

Análise Proximal:

Os métodos oficiais da AOAC (2005) foram utilizados para a análise proximal da amostra.

3.7 Determinação do teor de humidade:

Para a determinação do teor de humidade (934.01, 934.06, 964.22 AOAC, 2011) foi utilizado. Mas, para o presente estudo, foram pesados 4 a 5 gramas de amostra num prato de porcelana previamente tarado e colocados num forno de ar quente a 120 °C durante 3 horas. A cápsula de porcelana foi arrefecida num exsicador e pesada. O método foi repetido ao longo de 3 semanas. A percentagem de humidade foi calculada por

$$M.C = (W_w - W_d)/W_w) \times 100$$

3.1 Forno de ar quente

3.8 Determinação das cinzas:

Para a determinação das cinzas (923.03, 942.05, 945.46 AOAC, 2011) foi utilizado. Mas, para o presente estudo, foram pesados quatro a cinco gramas de amostra num cadinho previamente tarado. A amostra foi primeiro inflamada e depois colocada no forno de mufla a uma temperatura de 500°C - 550°C durante 4 a 6 horas até a amostra se tornar cinza. O peso das cinzas foi calculado por:

Peso das cinzas = peso do cadinho + cinzas - peso do cadinho

A % de cinzas foi calculada como % de cinzas = peso de cinzas (g)/peso da amostra * 100.

3.2 Forno de mufla

3.9 Determinação da matéria gorda (método Soxhlet):

Para a determinação da gordura bruta (922.06, 925.12, 989.05, 954.02 AO AC, 2011) foi utilizado. Mas, no presente estudo, a percentagem de gordura foi calculada gravimetricamente utilizando o aparelho Soxhlet.

Foram adicionados quatro a cinco gramas de amostra seca a um dedal previamente tarado. Num aparelho de Soxhlet, a extração foi efectuada durante 6 horas com 500 ml de etanol.

A perda de peso será calculada como '

Perda de peso = peso dos dedais + amostra com gordura - (peso dos dedais - amostra sem gordura)

% de gordura = perda de peso (g)/peso da amostra * 100.

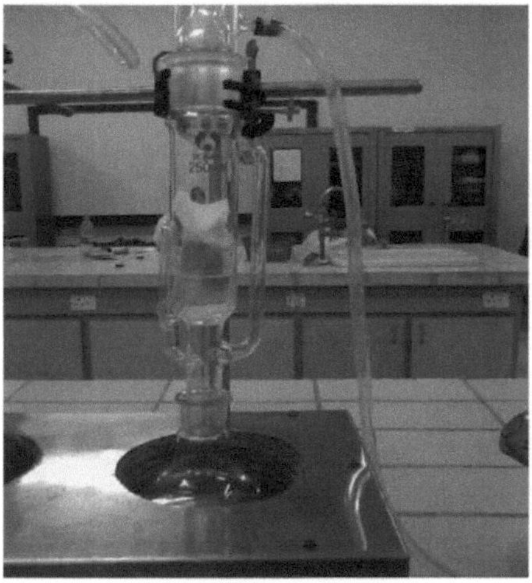

3.3 Aparelho de Soxhlet

3.10 Determinação da fibra bruta:

Preparação de soluções para a determinação da fibra

3.10.1 Preparação de 1,25% de H2SO4:

Foram pesados 12,5 g de ácido sulfúrico e dissolvidos em 1000 ml de água destilada para as 7 amostras.

3.10.2 Preparação de NaOH a 1,25%:

12,5 g de hidróxido de sódio pesado e dissolvido em 1000 ml de água destilada. A fibra bruta é a perda de ignição do resíduo seco remanescente após a digestão da amostra com H2SO4 e NaOH. Colocam-se 4 g de amostra desengordurada num balão de refluxo e adicionam-se 100 ml de H2SO4 a 1,25% à amostra, que se mantém em refluxo durante meia hora. A solução da amostra foi filtrada com um pano de seda e lavada com 200 ml de água destilada quente. Em seguida, o filtrado foi novamente submetido a refluxo com NaOH a 1,25% durante meia hora. A solução de amostra foi lavada com 200 ml de água destilada quente em papel de filtro pré-ponderado. O filtrado foi seco numa estufa e pesado. Após a secagem, o filtrado foi incendiado com uma chama fraca e depois colocado numa mufla a 500 °C a 550 °C, onde o filtrado se transformou em cinzas.

A % de fibra foi calculada por

Peso da amostra seca na estufa = (peso do cadinho + amostra de humidade) - (peso do cadinho + cinzas)

Peso das cinzas = (peso do cadinho + cinzas) - (peso do cadinho)

Perda de peso= peso da amostra seca em estufa - peso das cinzas

% de fibra = massa da amostra (g) - perda de massa (g)/ massa da amostra * 100

3.4 Aquecimento

3.11 Determinação das proteínas:

A proteína foi estimada pelo método de Kjeldahl (991.20 AOAC, 2011).

3.11.1 Preparação de soluções:

3.11.2 Preparação do ácido bórico (2%):

Dissolver 2 g de ácido bórico em 100 ml de água destilada, aquecendo, sem ferver. Adicionou-se indicador vermelho de metilo à solução (2 a 3 gotas para desenvolver cor-de-rosa). Esta solução foi utilizada como tampão.

3.11.3 Indicador vermelho de metilo:

0,1% de vermelho de metilo em etanol a 57% ou dissolver 1g de vermelho de metilo em 200ml de álcool.

3.11.4 Preparação de NaOH a 40%:

Foram pesados exatamente 40 g de NaOH e dissolvidos em 100 ml de água destilada. Este reage com a solução de digestão e produz NH_4OH que é absorvido pela solução de ácido bórico.

3.11.5 Mistura de digestão:

Foi feito através da mistura de CUSO4 e sulfato de potássio

CUSO4: sulfato de potássio 1: 9

3.1 l.SDigestão da amostra:

Introduzir 0,4 g de amostra e 0,4 g de mistura de digestão no balão de digestão. Adicionaram-se 15 a 20 ml de H_2SO_4 concentrado. Aquecer o balão até a solução ficar límpida. Após a digestão, o balão foi arrefecido. Adicionou-se a solução límpida a um balão volumétrico de 100 ml e diluiu-se com água destilada até à marca.

3.11.6 Após a digestão, as proteínas foram avaliadas com o aparelho de Kjeldahl:

Colocam-se 10 ml de amostra digerida num balão destilado e sob a extremidade recetora do tubo do condensador. De seguida, colocam-se 5 ml de ácido bórico a 2% num copo de 200 ml e mergulha-se a boca do condensador para evitar a libertação de gás amoníaco. A mistura foi aquecida e, logo após a ebulição, adicionaram-se 15 a 20 ml de solução de NaOH a 40%. A cor vermelha da solução de ácido bórico alterou-se devido à conversão do amoníaco em borato de amónio. A solução de ácido bórico tornou-se incolor. Deixar a reação continuar até que o volume do copo de ácido bórico aumente para 25 ml.

3.11.7 Titulação:

Titular a solução de ácido bórico utilizando uma solução padrão de N/70 HC1 até que a cor original da solução de ácido bórico volte a ser a mesma. Anotar a quantidade de N/70 HC1 utilizada.

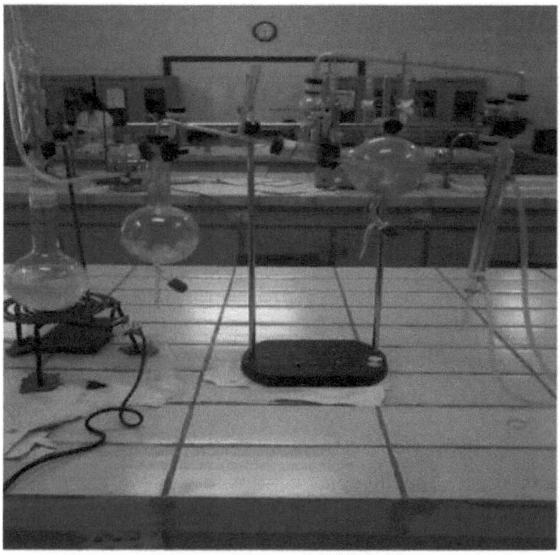

3.5 Aparelho de Kjeldahl

3.12 Determinação dos hidratos de carbono:

Para a determinação de hidratos de carbono, de acordo com o manual da AOAC, o método é o número 985.29 ou 991.43. Mas, para o presente estudo, o teor de hidratos de carbono foi determinado através da soma de todas as percentagens de humidade, proteína, gordura, fibra bruta e cinzas, e depois a soma foi subtraída de 100.

% de hidratos de carbono=100-(%Humidade +%Cinzas+%Gordura+%Proteína bruta +%Fibra bruta).

3.13 Análise/recolha de dados:

Foi efectuada uma análise regular para a recolha de dados sobre vários parâmetros. Para ver o efeito da amostra em diferentes parâmetros de crescimento, todos os dados foram recolhidos e organizados em forma de tabela.

3.14 Análise estatística:

As médias de vários parâmetros de crescimento diferentes foram comparadas utilizando o erro padrão. O programa Costat foi utilizado para analisar estatisticamente os dados.

CAPÍTULO 4

RESULTADOS

O presente estudo centra-se na otimização da dose de radiação gama para aumentar o prazo de validade da cebola. As amostras de cebola foram tratadas com várias doses de radiação gama. Os resultados foram registados para vários parâmetros fisiológicos e nutricionais.

Quadro 4.1 Efeito da radiação gama nas qualidades sensoriais da cebola:

Foram detectadas qualidades sensoriais como a cor, a firmeza e a pungência em amostras irradiadas e não irradiadas. Após três semanas de armazenagem, as qualidades sensoriais eram melhores nas amostras irradiadas do que nas amostras não irradiadas.

Foi detectada uma alteração da cor das amostras não irradiadas após três semanas de armazenagem, enquanto as amostras irradiadas mantiveram a sua cor. As amostras não irradiadas apresentam amarelecimento após três semanas de armazenagem.

A pungência também foi melhor nas amostras irradiadas do que nas amostras não irradiadas. A firmeza começa a diminuir nas amostras não irradiadas após três semanas de armazenagem.

Quadro 4.1 Efeito da radiação gama nas qualidades sensoriais como a cor, a pungência e a firmeza

Time	Sensory qualities								
	Week $_1$(W$_1$)			Week$_2$ (W$_2$)			Week$_3$(W$_3$)		
Doses	**Color**	**Pungency**	**Firmness**	**Color**	**Pungency**	**Firmness**	**Color**	**Pungency**	**Firmness**
Control	No Change	NO Change	NO Change	Yellowness start	Increase	Decrease	Yellowness	Increase	Decrease
0.05kGy	No change	Less than control	NO Change	NO Change	Decrease	NO Change	NO Change	Decrease	No Change
0.10kGy	No Change	Less than control	NO Change	NO Change	Decrease	NO Change	NO Change	Decreases	No Change
0.15kGy	No change	Less than control	NO Change	NO Change	Decrease	No Change	No Change	Decreases	No Change

EFEITO DE DIFERENTES DOSES DE RADIAÇÃO GAMA NO TEMPO DE CONSERVAÇÃO DE CEBOLAS ARMAZENADAS EM CONDIÇÕES AMBIENTAIS (PRIMEIRA SEMANA)

(a)

(b)

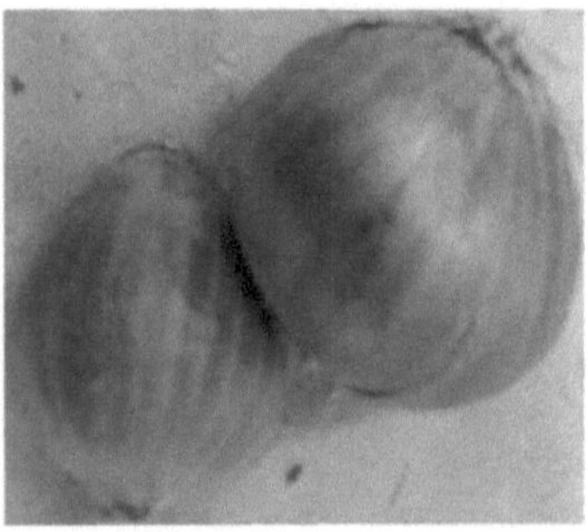

(c)

(d)

Figure 4.1: (a) 7th dia de controlo e amostras de cebola irradiadas: (a) amostras de cebola de controlo (b) amostras de cebola irradiadas a 0,05 kGy (c) amostras de cebola irradiadas a 0,10 kGy (d) amostras de cebola irradiadas a 0,15

EFEITO DE DIFERENTES DOSES DE RADIAÇÃO GAMA NO TEMPO DE CONSERVAÇÃO DE CEBOLAS ARMAZENADAS EM CONDIÇÕES AMBIENTAIS (SEGUNDA SEMANA)

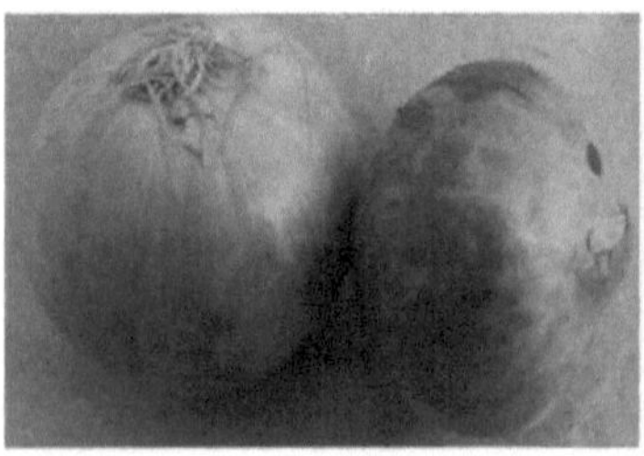

(a)

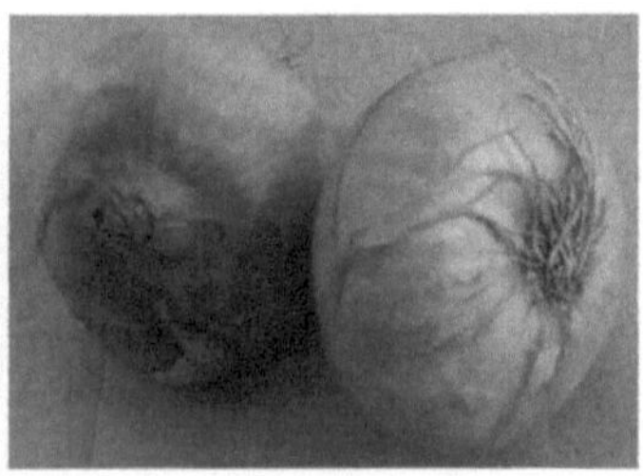

(b)

(c) (d)

Figure 4.2: (a) 14th dia de controlo e amostras de cebola irradiadas: (a) amostras de cebola de controlo (b) amostras de cebola irradiadas a 0,05 kGy (c) amostras de cebola irradiadas a 0,10 kGy (d) amostras de cebola irradiadas a 0,15.

EFEITO DE DIFERENTES DOSES DE RADIAÇÃO GAMA NO TEMPO DE CONSERVAÇÃO DE CEBOLAS ARMAZENADAS EM CONDIÇÕES AMBIENTAIS (TERCEIRA SEMANA)

(a) (b)

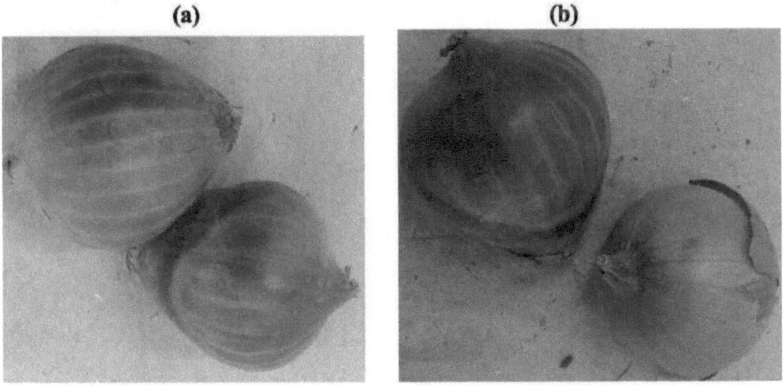

(c) (d)

Figura 4.3: (a) 21th dia de controlo e amostras de cebola irradiadas: (a) amostras de cebola de controlo (b) amostras de cebola irradiadas a 0,05 kGy (c) amostras de cebola irradiadas a 0,10 kGy (d) amostras de cebola irradiadas a 0,15.

4.2: Efeito da radiação gama na perda fisiológica de peso:

O efeito da radiação gama na perda fisiológica de peso é apresentado no Quadro 4.1. É evidente a partir do quadro que quando as cebolas foram irradiadas utilizando diferentes doses, isto é, 0,05, 0,10 e 0,15 kGy, foi registada uma redução na perda de peso. Os resultados mostram que a amostra não irradiada apresenta uma perda de peso máxima. As amostras irradiadas apresentam uma perda de peso menor do que as não irradiadas. Na amostra de controlo, a perda de peso foi de 4,32gl00g[4] após a terceira semana de armazenamento. As amostras irradiadas com a dose de 0,05kGy e 0,15kGy apresentaram 4,11 e 4,07% de perda de peso, respetivamente. A perda de peso mínima de 3,69% foi observada na amostra que foi irradiada na dose O.lOkGy.

Tabela 4.2 Efeito de diferentes doses de radiação gama na perda de peso fisiológica das cebolas.

Physiological loss in weight ($g100g^{-1}$)			
Time / **Doses**	**Week$_1$**	**Week$_2$**	**Week$_3$**
Control	1.89 ± 0.0124^a	2.1 ± 0.06324^a	4.32 ± 0.0379^a
0.05kGy	1.98 ± 0.0063^b	2.5 ± 0.1897^{ab}	4.11 ± 0.0442^a
0.10kGy	1.96 ± 0.0198^c	2.87 ± 0.0125^b	3.69 ± 0.0063^a
0.15kGy	2.1 ± 0.02529^d	3.43 ± 0.0253^c	4.07 ± 0.1264^b

Todos os valores são a soma das médias de 5 réplicas paralelas + indicam o desvio padrão entre as réplicas. As médias seguidas de letras diferentes na mesma coluna diferem significativamente P=0,05 de acordo com o teste de intervalo múltiplo de Duncan.

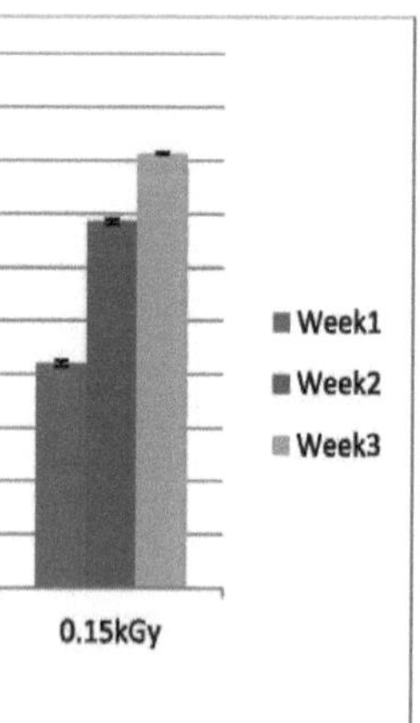

Figura 4.4: Efeito de diferentes doses de radiação gama na perda de peso fisiológico das cebolas.

4.3. Avaliação do teor de humidade

O quadro 4.2 prevê o efeito da radiação gama no teor de humidade da cebola. A partir do quadro 4.2 é evidente que o teor de humidade diminui com a passagem do tempo e o teor de humidade máximo foi observado em amostras não irradiadas (91,7%) após uma semana de armazenamento. O teor de humidade nas amostras de controlo após a terceira semana de armazenamento era de 88,4%. As amostras que foram irradiadas a uma dose de O.lOkGy apresentaram um teor de humidade de 90,8% após uma semana de armazenamento e 90,36% de humidade após a terceira semana de armazenamento. O teor de humidade diminui com o passar do tempo, mas a perda mínima de humidade foi observada nas amostras que foram irradiadas com a dose O.lOkGy. A radiação gama não afectou gravemente o teor de humidade na primeira semana. A redução do teor de humidade foi baixa nas amostras que foram irradiadas com a dose de 0,10 e 0,15 kGy.

Quadro 4.3 Avaliação semanal do teor de humidade da cebola em amostras irradiadas e não irradiadas.

Moisture Content ($g100g^{-1}$)			
Time / Doses	$Week_1$	$Week_2$	$Week_3$
Control	91.7 ± 0.1265^b	90.89 ± 0.0253^a	88.4 ± 0.0569^a
0.05kGy	90.2 ± 0.1897^a	91.47 ± 0.03162^b	88.7 ± 0.03162^b
0.10kGy	90.8 ± 0.6325^a	90.39 ± 0.0379^c	90.36 ± 0.0253^c
0.15kGy	90.84 ± 0.309^a	90.66 ± 0.0633^d	90.78 ± 0.1265^d

Todos os valores são a soma das médias de 5 réplicas paralelas + indicam o desvio padrão entre as réplicas. As médias seguidas de letras diferentes na mesma coluna diferem significativamente P=0,05 de acordo com o teste de intervalo múltiplo de Duncan.

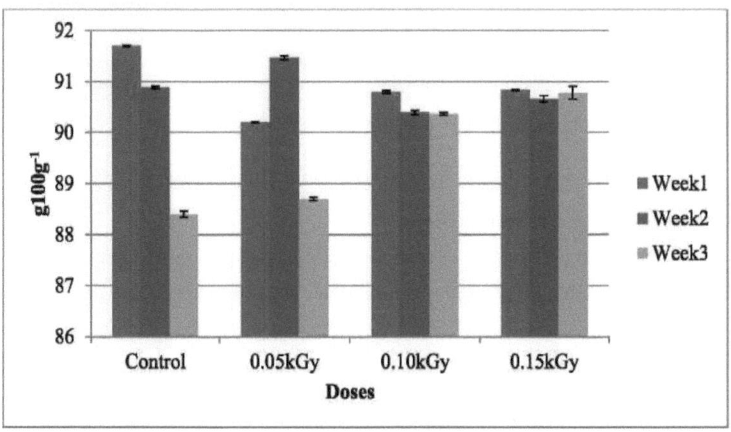

Figura 4.5: Avaliação semanal do teor de humidade da cebola em amostras irradiadas e não irradiadas

Moisture Content			
Doses	**Week$_1$**	**Week$_2$**	**Week$_3$**
Control		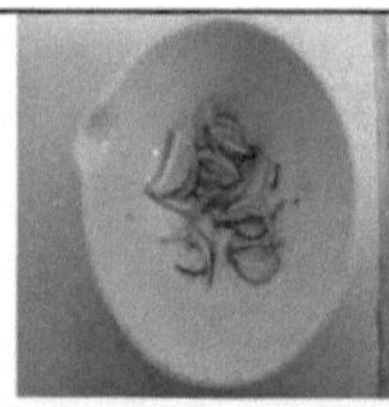	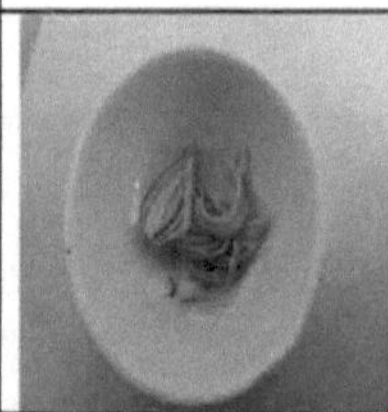
0.05kGy	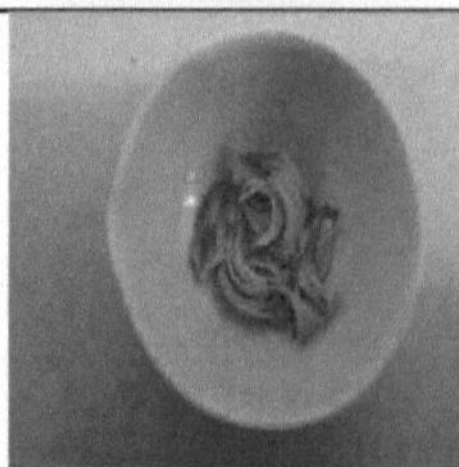	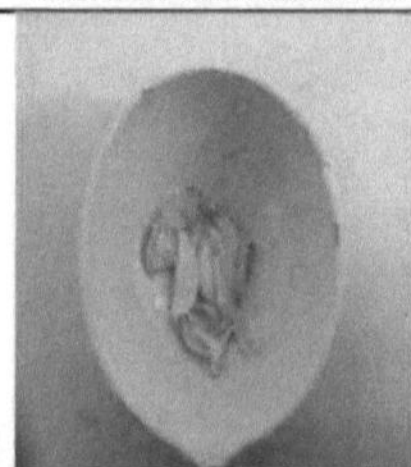	
0.10kGy		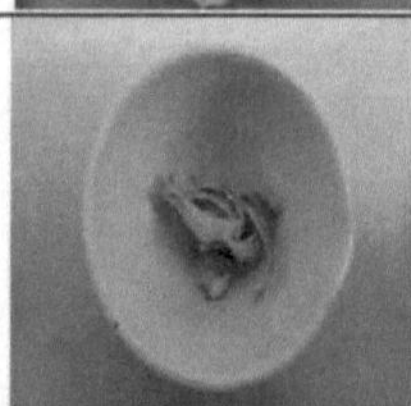	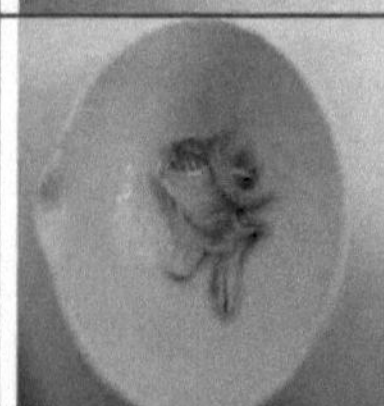
0.15kGy	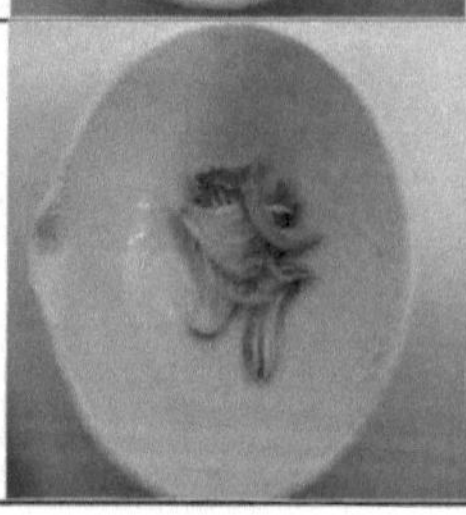	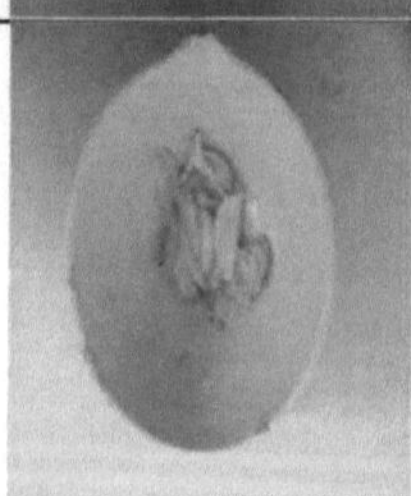	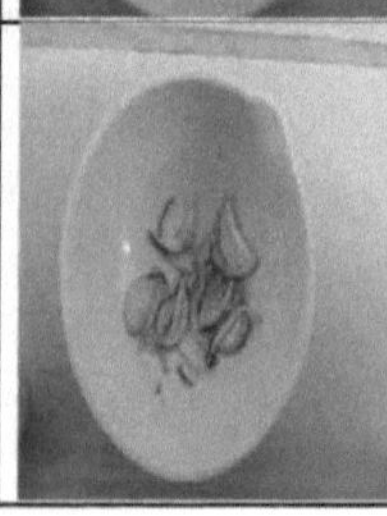

Figura 4.6: Amostras de cebolas irradiadas e não irradiadas isentas de humidade.

4.4. Efeito da radiação gama no teor de cinzas

O quadro 4.3 mostra a avaliação semanal do efeito da radiação gama no teor de cinzas da cebola. O teor de cinzas diminui com o passar do tempo. Após uma semana de armazenamento, o teor de cinzas nas amostras de controlo e irradiadas com 0,05 kGy era de 0,43% e 0,48%, respetivamente.

Foi registada uma diminuição gradual do teor de cinzas com o aumento do tempo de armazenamento. Após o tratamento com radiação gama, a diminuição do teor de cinzas foi baixa em comparação com as amostras não irradiadas.

Tabela 4.4: Análise semanal do teor de cinzas das amostras de cebola irradiadas e não irradiadas.

Ash Content($g100g^{-1}$)			
Time / **Doses**	**WeeK1**	**Week2**	**Week3**
Control	0.43 ± 0.0188^{a}	0.4 ± 0.633^{a}	0.38 ± 0.0189^{a}
0.05kGy	0.48 ± 0.0253^{ab}	0.46 ± 0.0189^{a}	0.41 ± 0.1265^{a}
0.10kGy	0.44 ± 0.0380^{b}	$0.43\pm0.0318a$	0.42 ± 0.1897^{a}
0.15kGy	0.46 ± 0.0190^{b}	0.43 ± 0.0443^{a}	0.41 ± 0.0632^{a}

Todos os valores são a soma das médias de 5 réplicas paralelas + indicam o desvio padrão entre as réplicas. As médias seguidas de letras diferentes na mesma coluna diferem significativamente P=0,05 de acordo com o teste de intervalo múltiplo de Duncan.

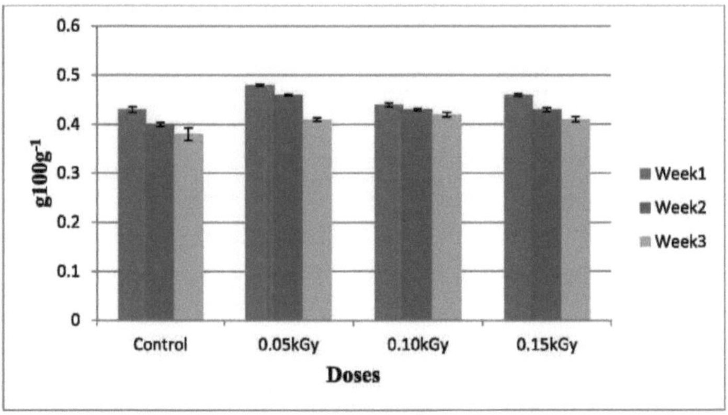

Figura 4.7: Análise semanal do teor de cinzas das amostras de cebola irradiadas e não irradiadas.

Ash Content			
Doses	**$Week_1$**	**$Week_2$**	**$Week_3$**
Control	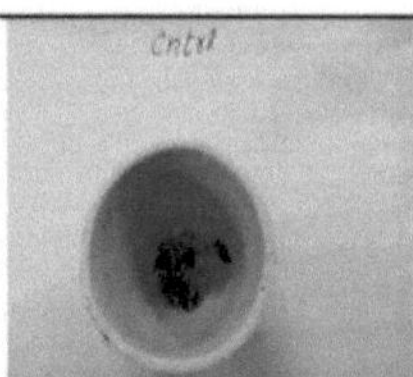	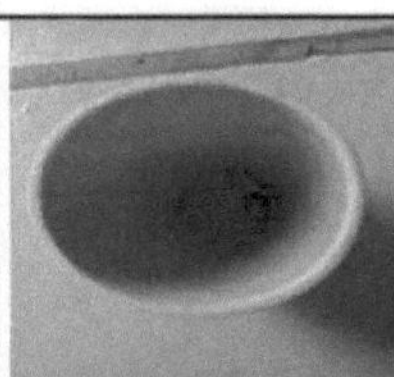	
0.05kGy	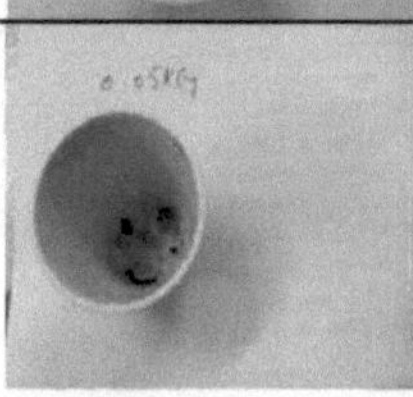	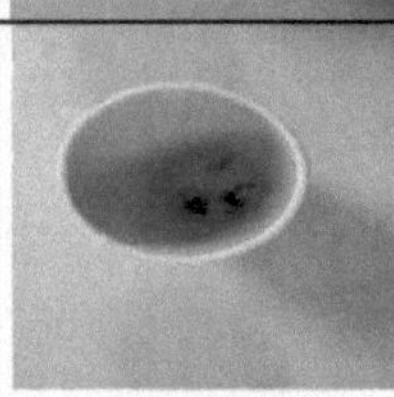	

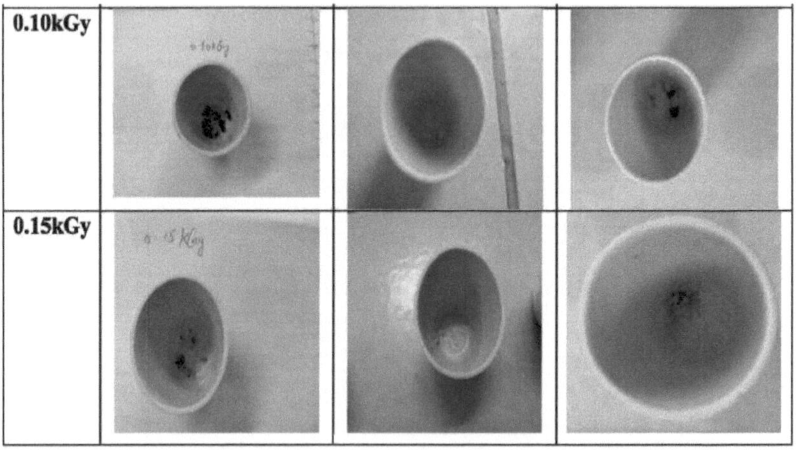

4.8: Ponto final do ensaio de determinação das cinzas das amostras irradiadas e não irradiadas.

4.5. Avaliação semanal do conteúdo de gordura:

O quadro 4.4 prevê o efeito da radiação gama no teor de gordura da cebola. A partir do quadro 4.4, é evidente que o teor de gordura diminui com o passar do tempo e o teor máximo de gordura foi observado em amostras não irradiadas (0,6%) após uma semana de armazenamento.

O teor de matéria gorda nas amostras de controlo após a terceira semana de armazenagem era de 0,4%. As amostras que foram irradiadas a uma dose de O.lOkGy apresentam um teor de humidade de 0,5% após uma semana de armazenamento e 0,46% de gordura após a terceira semana de armazenamento.

O teor de gordura diminui com o passar do tempo, mas observou-se uma perda mínima de gordura nas amostras que foram irradiadas com a dose O.lOkGy. A radiação gama não afectou gravemente o teor de gordura na primeira semana, mas na terceira semana as amostras irradiadas tinham mais gordura do que o controlo não irradiado. A redução do teor de gordura foi baixa nas amostras que foram irradiadas com a dose de 0,10 e 0,15 kGy.

Quadro 4.5: Análise semanal do teor de matéria gorda das amostras de cebola irradiada e não irradiada

Fat Content ($g100^{-1}g$)			
Time / Doses	$Week_1$	$Week_2$	$Week_3$
Control	0.6 ± 0.0645^{a}	0.5 ± 0.0421^{b}	0.4 ± 0.0814^{a}
0.05kGy	0.5 ± 0.0891^{ab}	0.48 ± 0.0792^{a}	0.45 ± 0.0936^{b}
0.10kGy	0.5 ± 0.0432^{a}	0.49 ± 0.0831^{a}	0.46 ± 0.0845^{c}
0.15kGy	0.45 ± 0.0411^{a}	0.45 ± 0.0912^{ab}	0.43 ± 0.0879^{a}

Todos os valores são a soma das médias de 5 réplicas paralelas + indicam o desvio padrão entre as réplicas. As médias seguidas de letras diferentes na mesma coluna diferem significativamente P=0,05 de acordo com o teste de intervalo múltiplo de Duncan.

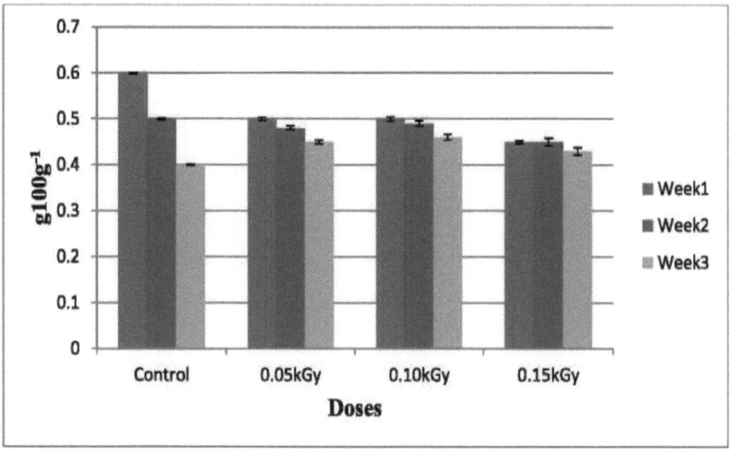

Figura 4.9: Análise semanal do teor de gordura das amostras de cebola irradiadas e não irradiadas.

4.6. Avaliação do teor de fibras:

O teor de fibras da cebola foi determinado semanalmente em amostras irradiadas e não irradiadas. O quadro 4.5 abaixo mostra que o teor de fibras diminui à medida que o tempo de armazenagem aumenta. As amostras não irradiadas e as amostras que foram irradiadas com doses de 0,10 e 0,15 kGy mostram uma redução gradual do teor de fibras com o passar do tempo. Registou-se um ligeiro desvio desta tendência geral, no entanto, na amostra que foi irradiada à dose de 0,05 kGy, registou-se um ligeiro aumento e depois uma diminuição.

Table4.6: Estimativa semanal do teor de fibras após tratamento com irradiação gama.

Changes in Fiber content($g100g^{-1}$)			
Time / Doses	**$Week_1$**	**$Week_2$**	**$Week_3$**
Control	2.0 ± 0.0633^a	2.0 ± 0.03795^a	1.6 ± 0.02529^a
0.05kGy	1.9 ± 0.01264^a	2.1 ± 0.06325^a	2.0 ± 0.01265^a
0.10kGy	2.2 ± 0.01897^a	2.0 ± 0.03162^a	1.9 ± 0.01897^a
0.15kGy	2.1 ± 0.02529^a	1.9 ± 0.01897^a	1.8 ± 0.03162^a

Todos os valores são a soma das médias de 5 réplicas paralelas + indicam o desvio padrão entre as réplicas. As médias seguidas de letras diferentes na mesma coluna diferem significativamente P=0,05 de acordo com o teste de intervalo múltiplo de Duncan.

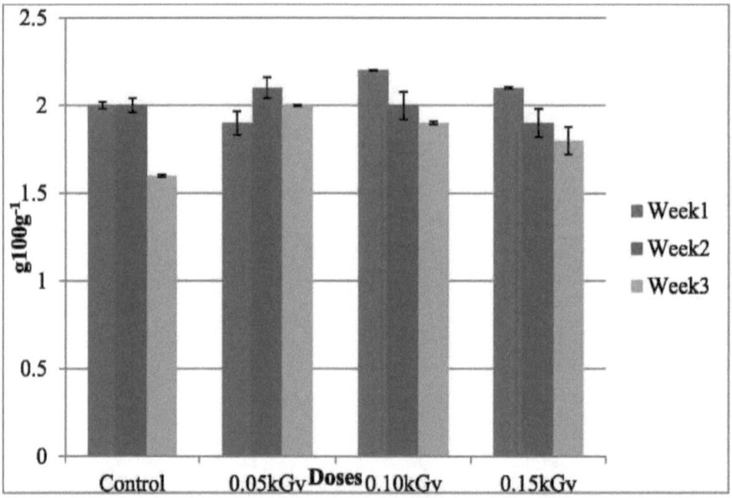

Figura 4.10: Estimativa semanal do teor de fibras após tratamento com irradiação gama.

Fiber Content			
Dose	**Week$_1$**	**Week$_2$**	**Week$_3$**
Control	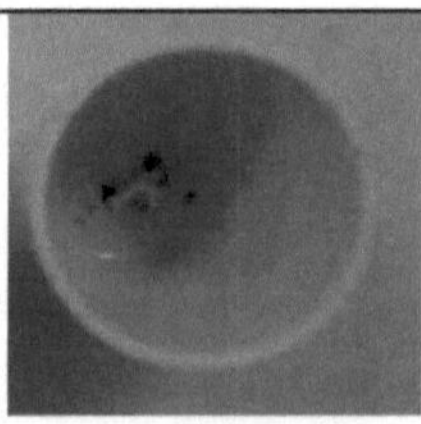	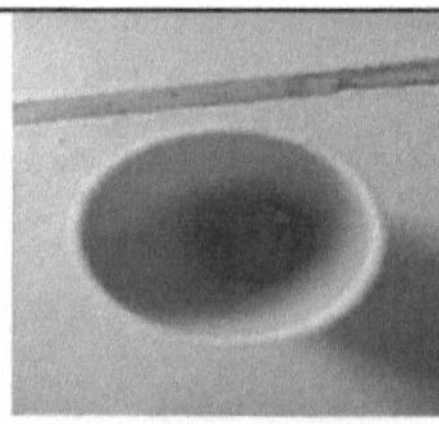	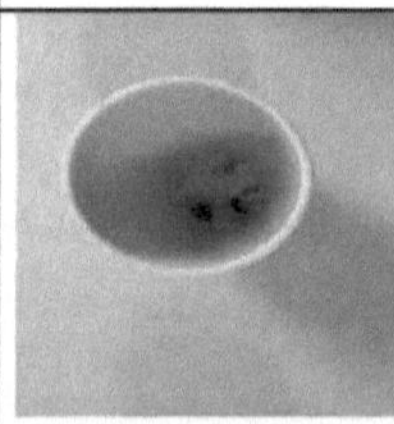
0.05kGy	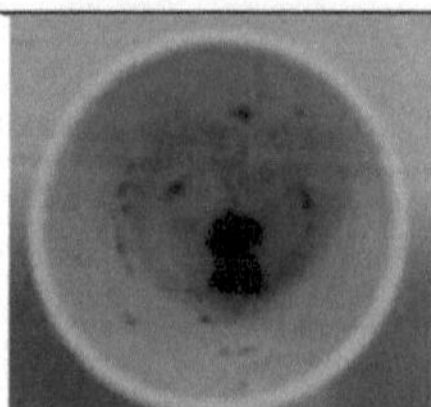	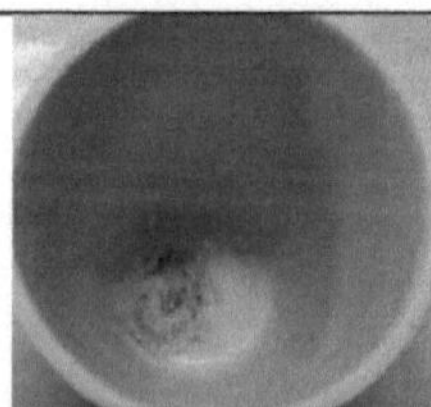	
0.10kGy		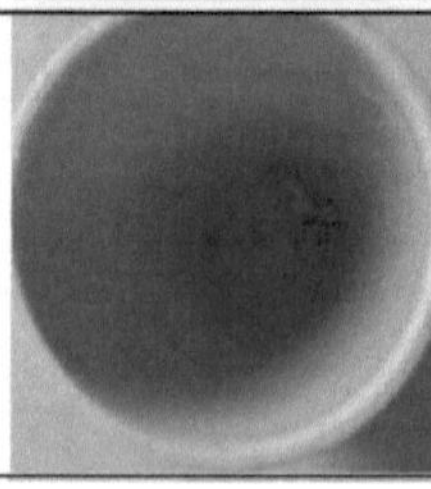	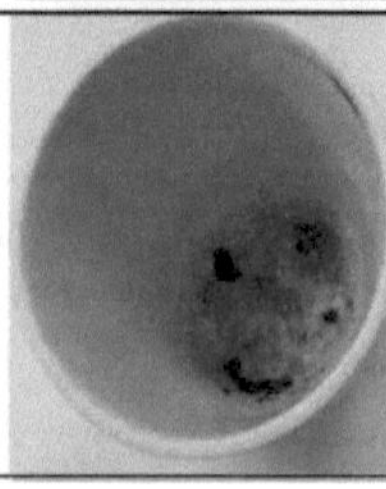

0.15kGy 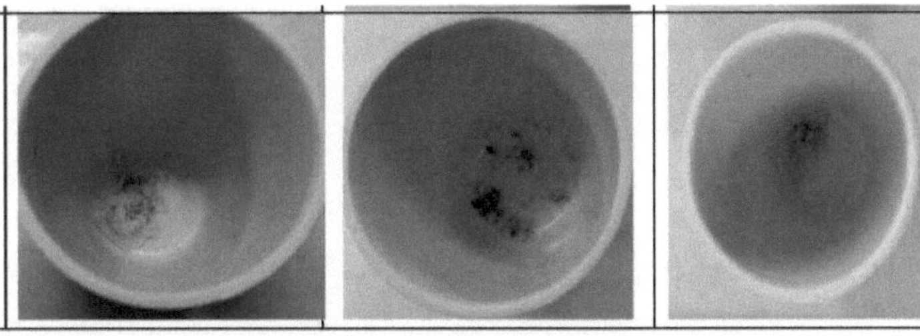

4.11: Determinação do teor de fibras em amostras irradiadas e não irradiadas.

4.1. Avaliação do teor de proteínas em amostras irradiadas e não irradiadas:

A análise semanal do teor de proteínas foi efectuada em amostras irradiadas e não irradiadas. A Tabela 4.7 mostra a diminuição do teor de proteínas.

Observou-se uma diminuição gradual do teor de proteínas. Nas amostras irradiadas, o teor de proteínas diminuiu pouco, ao passo que nas amostras não irradiadas a taxa de redução do teor de proteínas foi elevada. A amostra de controlo não foi irradiada.

Após uma semana de armazenamento, o teor proteico da amostra não irradiada era de 1,2% e, após três semanas de armazenamento, o teor proteico reduziu-se para 1,13g 100g'1 . A amostra que foi irradiada a uma dose de 0,05kGy apresenta um teor proteico de 1,2gl00g^{-1} e, após três semanas de armazenamento, o teor proteico reduziu-se para LlSglOOg'1 .

O teor proteico diminuiu tanto nas amostras irradiadas como nas não irradiadas, mas a taxa de redução do teor proteico foi baixa nas amostras irradiadas. Após três semanas de armazenamento, o teor de proteínas era elevado na amostra que foi irradiada com uma dose de O.lOkGy.

Table 4.7: Medição semanal do teor de proteínas em amostras irradiadas e não irradiadas

	Protein (g100g^{-1})		
Time / Doses	**Week$_1$**	**Week$_2$**	**Week$_3$**
Control	1.2±0.00632^a	1.18±0.0252^a	1.13±0.0316^a
0.05kGy	1.2±0.0126^a	1.18±0.0189^b	1.15±0.0031^{ab}
0.10kGy	1.18±0.0316^a	1.17±0.0126^c	1.16±0.0253^b
0.15kGy	1.17±0.0189^a	1.15±0.0072^d	1.14±0.0569^a

Todos os valores são a soma das médias de 5 réplicas paralelas + indicam o desvio padrão entre as réplicas. As médias seguidas de letras diferentes na mesma coluna diferem significativamente P=0,05 de acordo com o teste de intervalo múltiplo de Duncan.

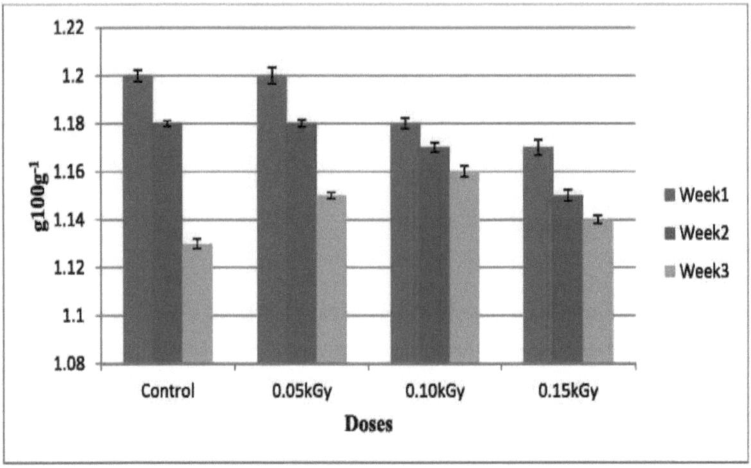

Figura4.12: Medição semanal do teor de proteínas em amostras irradiadas e não irradiadas.

4.8. Avaliação semanal dos hidratos de carbono:

Os resultados dos hidratos de carbono mostraram o aumento do seu nível na amostra de controlo. Observou-se que o nível de hidratos de carbono na primeira semana (Wl) era de 6,63%, 6,94% na segunda semana (W2) e 7,56% na terceira semana (W3). Quando as amostras foram irradiadas, os resultados foram alterados com ambas as doses (lkGy e 3kGy). A dose 0,05kGy mostrou o nível de 6,56% de hidratos de carbono na primeira semana (Wl), 6,86% na segunda semana (W2) e depois aumentou para 7,09%. Os resultados da dose 0,10% mostraram um teor de hidratos de carbono de 6,45% na primeira semana (Wl) e de 6,78% na segunda semana (W2), aumentando depois para 6,96% na terceira semana (W3). A dose O.lOkGy apresentou os melhores resultados de hidratos de carbono na amostra em comparação com as outras doses.

Table4.8: Análises semanais de hidratos de carbono antes e durante a irradiação gama.

Carbohydrate ($g100g^{-1}$)			
Time / Dose	Week1	Week2	Week3
Control	6.63 ± 0.0124^{a}	6.94 ± 0.0253^{a}	7.56 ± 0.0309^{a}
0.05kGy	6.56 ± 0.06324^{ab}	6.86 ± 0.0569^{a}	7.09 ± 0.0379^{a}
0.10kGy	6.45 ± 0.0252^{a}	6.78 ± 0.0126^{a}	6.96 ± 0.0316^{ab}
0.15kGy	6.4 ± 0.0442^{b}	6.85 ± 0.0379^{b}	7.04 ± 0.0190^{b}

Todos os valores são a soma das médias de 5 réplicas paralelas + indicam o desvio padrão entre as réplicas. As médias seguidas de letras diferentes na mesma coluna diferem significativamente P=0,05 de acordo com o teste de intervalo múltiplo de Duncan.

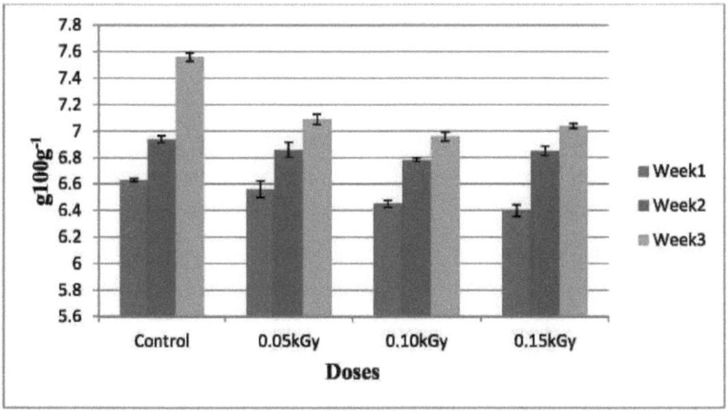

Figura 4.13: Análises semanais de hidratos de carbono antes e durante a irradiação gama.

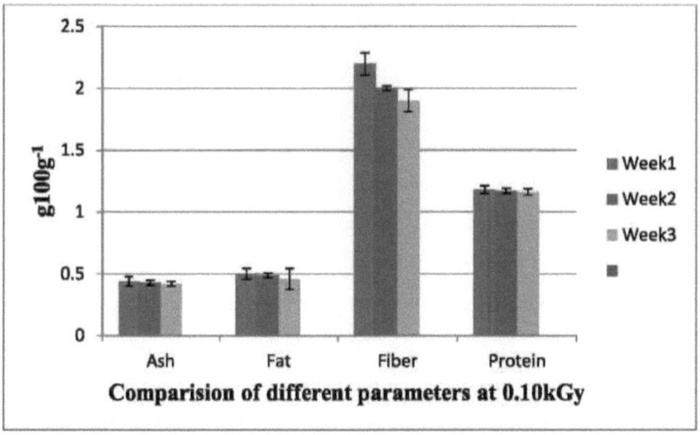

Figura 4.14: Comparação semanal do teor de cinzas, fibras, gorduras e proteínas.

CAPÍTULO 5

DISCUSSÃO

A cebola *(Allium cepa)* pertence à família *Alliacae*. As cebolas são muito apreciadas em todo o mundo pelo seu sabor e pelo seu valor nutricional, fornecendo constituintes menores, como minerais e oligoelementos. As cebolas e outras culturas hortícolas sofrem perdas pós-colheita devido ao manuseamento incorreto, ao transporte e às más condições de armazenamento, o que explica os preços elevados durante a época baixa. Tanto a qualidade como a quantidade das cebolas são afectadas pelo apodrecimento, brotamento, desidratação, etc., durante o armazenamento (Jabeen *et* a*l*. ,2003). A germinação, a podridão, o encolhimento, o aumento da intensidade da cor (amarelecimento), o aumento da contagem microbiana e a diminuição da firmeza são os problemas que ocorrem durante o armazenamento (Pezzutti *et al.,* 2005).

O objetivo desta investigação foi aumentar o prazo de validade da cebola sem afetar o seu valor nutricional através da radiação gama, bem como melhorar a qualidade da cebola para exportação. A fonte de radiação gama utilizada foi o cobalto-60 (Co^{60}). Os isótopos de cobalto foram utilizados devido aos seus efeitos menos adversos que os produzidos por outras fontes, como o césio-13 7. A radiação gama aumenta a vida útil dos alimentos sem deixar qualquer efeito adverso no seu valor nutricional (Ahmad, 2005).

Semanalmente, foram detectadas a análise proximal e as qualidades sensoriais. A perda fisiológica de peso também foi medida. As qualidades sensoriais, como a cor, a pungência e a firmeza, também foram detectadas semanalmente. As amostras irradiadas apresentam melhores qualidades sensoriais em comparação com as amostras não irradiadas. As amostras irradiadas não apresentam qualquer alteração da cor e da firmeza após três semanas de armazenagem, ao passo que as amostras não irradiadas começam a amarelecer. Além disso, foi também registada uma diminuição da firmeza nas amostras de controlo não irradiadas. Foi referido que existe uma diferença significativa quando as amostras de cebola irradiadas com raios gama são submetidas a uma armazenagem a longo prazo e que a firmeza das cebolas irradiadas é melhor do que a das cebolas não irradiadas (Fan *et al.,* 2003).

A partir dos resultados, estimou-se que a perda de peso e o tempo são proporcionais entre si, o que significa que, com a passagem do tempo, a perda de peso aumenta. Após três semanas de armazenamento, observou-se uma perda de peso máxima nas amostras não irradiadas (controlo) e uma perda de peso mínima nas amostras irradiadas com a dose de O.lOkGy. A perda de peso das amostras não irradiadas após três semanas de armazenamento foi de 4,32% e a perda de peso mínima foi de 3,69% nas amostras irradiadas com a dose de O.lOkGy. A perda mais elevada (77,4%) foi observada na amostra não irradiada, enquanto nas amostras irradiadas a perda de peso foi de apenas 20% após 8 meses de armazenamento (Lawande, 2007). Os bolbos de cebola irradiados com 8 Kr apresentaram uma percentagem mínima de perda de peso (28,59%), uma diminuição da firmeza e da pungência do sabor (Jabeen *et al.,* 2003).

A radiação gama não afectou negativamente a pungência da cebola. O estudo atual mostra que a pungência é menor nas amostras irradiadas do que nas amostras não irradiadas. No seu trabalho, Jabeen et al., 2003, mencionaram que o estádio de maturação e a dose de radiação afectam significativamente a pungência. Os bolbos de cebola irradiados com 8 Kr apresentaram uma diminuição mínima da firmeza e da pungência gustativa. A pungência nas amostras de cebola deve-se à acumulação de compostos de enxofre que se desenvolvem com o passar do tempo. A radiação gama restringe a reação enzimática endógena, reduzindo assim a concentração de ácido pirúvico. A quantidade de concentração de ácido pirúvico está diretamente relacionada com a formação de compostos de enxofre responsáveis pela pungência (Schwimmer *et al.*, 1964). A irradiação com doses baixas não afectou a concentração de ácido pirúvico (Pezzutti *et al.*, 2005).

O teor de humidade diminui com o passar do tempo devido à desidratação. Após uma semana de armazenamento, observou-se uma perda do teor de humidade tanto nas amostras irradiadas como nas não irradiadas. Após uma semana de armazenamento, o teor de humidade da amostra não irradiada era de 91,7% e, após três semanas de armazenamento, o teor de humidade diminuiu para 88,4%. Nas amostras irradiadas, o teor de humidade diminui lentamente em comparação com as amostras não irradiadas. No final das três semanas de armazenagem, o teor de humidade era elevado nas amostras irradiadas. Na literatura anterior, menciona-se que a irradiação gama aumenta o período de dormência, o que aumenta o prazo de validade. Muitos estudos mostraram que a irradiação em doses baixas adequadas durante o período de dormência é mais eficaz para a inibição de rebentos (Gaietto *et al.*, 1979).

Verificou-se uma redução do teor de cinzas tanto na cebola irradiada como na não irradiada. Mas a taxa de redução do teor de cinzas nas cebolas irradiadas foi baixa. As radiações gama não afectaram negativamente o teor de cinzas. No entanto, ao fim de três semanas de armazenamento, o teor máximo de cinzas estava presente na amostra que foi irradiada com uma dose de O.lOkGy (Gaietto *et al.*, 1979). A redução do teor de gordura e de fibra também foi observada nas amostras, mas a perda mínima foi observada nas amostras que foram irradiadas com a dose de O.lOkGy (Gaietto *et al.*, 1979).

O teor de proteínas diminuiu tanto nas amostras irradiadas como nas não irradiadas. Após uma semana de armazenamento, o teor de proteínas era de 1,2% nas amostras não irradiadas. Após três semanas de armazenamento, o teor de proteínas diminuiu para 1,13%. Na amostra irradiada, o teor de proteínas após três semanas de armazenamento era de 1,15% na amostra irradiada com uma dose de 0,05 kGy e o teor máximo de proteínas era de 1,16% na amostra irradiada com uma dose de O.lOkGy. Na literatura anterior, o teor de proteína foi reduzido devido à desaminação e cisão de ligações peptídicas e dissulfureto, resultando na formação de uma variedade de produtos químicos radiolíticos encontrados em alimentos irradiados (Fan.X, 2013).

O nível de hidratos de carbono aumenta. Após uma semana de armazenamento, o nível de hidratos de carbono na amostra não irradiada era de 6,63gl00^{-1} g, aumentando para 7,56gl00^{4} g após três semanas de armazenamento. O aumento do nível de hidratos de carbono na amostra irradiada foi baixo, ou seja, após três semanas de armazenamento, o nível de hidratos de carbono era de 6,96% na amostra que foi irradiada com uma dose de O.lOkGy. Logicamente, o nível de hidratos de carbono aumenta devido à atividade hidrolítica das despolimerases de frutano que hidrolisam o frutano, encontrado nas escamas exteriores dos bolbos, em sacarídeos, que são, por sua vez, hidrolisados em glucose e frutose pela invertase. A ionização aumentou a taxa de respiração, medida 24 h após o tratamento, no entanto, a taxa de respiração inicial foi restaurada após menos de 2 semanas. A taxa de respiração dos bolbos de cebola aumenta progressivamente durante o armazenamento, a menos que sejam tratados com radiação ionizante, mas o aumento depende da temperatura e dos tratamentos químicos (Benkeblia *et al.*, 2002).

A nossa experiência mostrou que a radiação não afecta a textura e o aspeto da cebola, o que demonstra a sua aptidão para a esterilização por raios gama. No entanto, o teor de humidade, de gordura, de fibra bruta e de cinzas apresenta um pequeno declínio após cada semana. Apenas os hidratos de carbono apresentam um aumento no seu nível. Após toda a investigação realizada, a dose de O.lOkGy desempenha um papel importante no aumento do prazo de validade das cebolas sem afetar o valor nutricional.

CAPÍTULO 6

REFERÊNCIAS

Agbaji, A., Ogbadu, G., Van Amstel, H. 1981. Efeito da irradiação y na qualidade de conservação das cultivares de cebola nigerianas. *Radiation Physics and Chemistry,* **17:** 189-194.

Amstel, A. 1981. Efeito da irradiação gama na qualidade de conservação de cultivares de cebola nigeriana Pergamon Press Ltd., zaria

NIFA.2005. *Food irrardiation technology in Pakistan.* Instituto Nuclear para a Alimentação e a Agricultura (NIFA) Peshawar Paquistão.

Benkeblia, N. 2000. Irradiação alimentar de produtos agrícolas na Argélia.atual. *International Agrophysics,* **14:** 259-261.

Benkeblia, N., Khali, M. 1996. Estabilidade da vitamina C de cebolas irradiadas Allium cepa. L durante o armazenamento. *Jornal da Academia Islâmica de Ciências,* **9:** 57-60.

Benkeblia, N., Varoquaux, P. 2003. Efeitos da irradiação gama, temperatura e tempo de armazenamento no estado da glicose, frutose e sacarose em bolbos de cebola Allium cepa L. *International agrophysics,* **17:** 1-6.

Benkeblia, N., Varoquaux, P., Shiomi, N., Sakai, H. 2002. Tecnologia de armazenamento de bolbos de cebola cv Rouge Amposta: efeitos da irradiação, hidrazida maleica e carbamato isopropil, N-fenil (CIP) na taxa de respiração e hidratos de carbono. *International Journal of Food Science & Technology,* 37: 169-175.

Bufler, G. 2009. O etileno exógeno inibe o crescimento de rebentos em bolbos de cebola. *Anais de Botânica,* **103:** 23 -28.

Curzio, O., Croci, C. 1983. Prolongamento do tempo de conservação da cebola por irradiação gama. *Journal of Food Processing and Preservation,* 7: 19-23.

Curzio, O., Croci, C. 1988. Processo de radioinibição em bulbos de alho e cebola argentinos. *International Journal of Radiation Applications and Instrumentation. Parte C. Física e Química das Radiações,* **31:** 203-206.

Dionísio, A. P., Gomes, R. T., Oetterer, M. 2009. Efeitos da radiação ionizante em vitaminas de alimentos: uma revisão. *Arquivos Brasileiros de Biologia e Tecnologia,* **52:** 1267-1278.

Eckert, J. W., Sommer, N. F. 1967. Control of Diseases of Fruits and Vegetables by Postharvest Treatment (Controlo de Doenças de Frutas e Legumes por Tratamento Pós-colheita). *Annual Review of*

Phytopathology, **5:** 391-428.

Fan, X., Niemira, B., Sokorai, K. 2003. Utilização de radiação ionizante para melhorar a qualidade sensorial e microbiana de folhas de cebola verde recém-cortadas. *Journal of Food Science,* **68:** 1478-1483.

Farkas, J. 2006. Irradiação para melhores alimentos. *Trends in Food Science & Technology,* **17:** 148-152.

Fan.X, S. C. H. 2013. Pesquisa e Tecnologia de Irradiação de Alimentos. Blackwell Publishing e o Instituto de Tecnólogos Alimentares, EUA.

Gaietto, W., Kahan, J., EISS, A., Welboum, J., Bednarczyk, A., Silberstein, O. 1979. Tratamento por irradiação de cebola em pó: efeitos sobre os constituintes químicos. *Jornal de Ciência Alimentar,* **44:** 591-595

Ganguly, S., Mukhopadhayay, S. K., Biswas, S. 2012. Preservação de produtos alimentares por processo de irradiação.

Hannan, R. S. 1954. Preservação de alimentos com radiações ionizantes. *Nature,* **173:** 752- 754.

Jabeen, N., Badshah, N., Mahboob, F., Ayub, G. 2003. Effect of gamma radiation on post harvest storage life of onion bulb under ordinary room condition (Efeito da radiação gama no tempo de armazenamento pós-colheita de bolbos de cebola em condições normais de sala). *Sarhad Journal of Agriculture,* **19:** 134-140.

Jamali, L., Ibupoto, K., Chattha, S., Laghari, R. 2012. Estudo sobre a perda de peso fisiológico em variedades de cebola durante o armazenamento. *Jornal de Agricultura do Paquistão: Engenharia Agrícola Ciências Veterinárias,* **28:** 156-165.

Josephson, E. S., Thomas, M., Calhoun, W. 1978. Aspectos nutricionais da irradiação de alimentos: uma visão geral. *Journal of Food Processing and Preservation,* **2:** 299-313.

Kader, A. A. 1986. Potenciais aplicações da radiação ionizante no manuseamento pós-colheita de frutos e vegetais frescos. *Food Technology,* **40:** 117-121.

Khan, I. 1990. Desenvolvimento da irradiação de alimentos no Paquistão. *International Journal of Radiation Applications and Instrumentation. Parte C. Radiation Physics and Chemistry,* **35:** 245-247.

Khattak, Y., Khan, A., Khan, R. 1999. Prolongamento do tempo de armazenamento de cebolas por radiação gama. *Jornal de Ciências Biológicas do Paquistão,* **2:** 123-128.

Kilcast, D. 1994. Effect of irradiation on vitamins.*Food chemistry,***49:** 157-164.

Kim, H. J., Feng, H., Toshkov, S. A., Fan, X. 2005. Effect of Sequential Treatment of Warm Water Dip and Low-dose Gamma Irradiation on the Quality of Fresh-cut Green Onions (Efeito do tratamento sequencial de imersão em água quente e irradiação gama de baixa dose na qualidade de cebolas verdes recém-cortadas). *Journal of Food Science,* **70:** 179-185.

Lawande, P.E. 2007. Efeito da irradiação de raios Y no comportamento de armazenamento do alho *(Allium sativum L.). Journal of Spices and Aromatic Crops,* **16:** 22-26.

Lewis, N., Mathur, P. 1963. Extensão do tempo de armazenamento de batatas e cebolas por Cobalto-60$ raios gama. *International Journal of Applied Radiation Isotopes,* 14: 21-25.

Liu, F., Li, Y. 2006. Caraterísticas de armazenamento e relações entre os parâmetros de crescimento microbiano e a vida útil das cebolas fatiadas em MAP. *Postharvest Biology and Technology,* **40:** 262-268.

Nouri, J., Toofanian, F. 2001. Extensão do armazenamento de cebolas e batatas por irradiação gama. *Pakistan Journal of Biological Sciences,* **4:** 1275-1278.

Nuttall, V., Lyall, L., McQueen, K. 1961. Some effects of gamma radiation on stored onions. *Canadian Journal of Plant Science,* **41:** 805-813.

Pezzutti, A., Matzkin, M. R., Croci, C. A. 2005. A irradiação gama melhorou a qualidade dos flocos de cebola utilizados pelos consumidores argentinos. *Journal of Food Processing and Preservation,* **29:** 120-131.

Rumbaoa, R. G. O. 2013. Effect of gamma irradiation on the drying characteristics of sliced shallots(L4ZZzww *cepa*), Meeting Future Food Demands: Segurança e Sustentabilidade. *Journal of Food Processing and Preservation,* 37: 158-164.

Salem, S. A. 1974. Effect of gamma radiation on the storage of onions used in the dehydration industry. *Journal of the Science of Food and Agriculture,* **25:** 257-262.

Sharif, M. M. 1990. Viabilidade económica do método de irradiação para a conservação de cebolas e batatas na Líbia. *International Journal of Radiation Applications and Instrumentation. Parte C. Radiation Physics and Chemistry,* 35: 687-691.

Stefanova, R., Vasilev, N. V., Spassov, S. L. 2010. Irradiação de alimentos, quadro legislativo atual e deteção de alimentos irradiados. *Food Analytical Methods,* **3:** 225-252.

Temkin-Gorodeiski, N., Kahan, R., Padova, R. 1972. Desenvolvimento de danos nos botões durante o armazenamento de cebolas irradiadas. *Canadian Journal of Plant Science,* **52:** 817-826.

Thayer, D. 1990. Irradiação dos alimentos: benefícios e preocupações. *Journal of food quality,* **13:** 147-169.

Thomas, P., Diehl, J. 1984. Conservação por radiação de alimentos de origem vegetal. Parte 2. Cebolas e outras culturas de bolbos. *Critical Reviews in Food Science and Nutrition,* **21:** 95-136.

Thomas, P., Srirangarajan, A., Limaye, S. 1975. Estudos sobre a inibição da germinação de cebolas por irradiação gama, influência do intervalo de tempo entre a colheita e a irradiação, dose de radiação e condições ambientais na germinação. *Radiation Botany,* **15:** 215-222.

MIX
Papier aus verantwortungsvollen Quellen
Paper from responsible sources
FSC® C105338

Printed by Books on Demand GmbH, Norderstedt / Germany